MALLA
MALLA

PETER GÖHRINGER · TÖRN TU, ASSI

Vorderer Vorsatz:
Winter in Finnland: Auf Turku-Reede warten die Schiffe tagelang im Eis auf einen Löschplatz an der Pier. Die Ladebäume dienen derweil als Proviantkräne, und die Lieferautos wagen sich fast bis ans Schiff.

Hinterer Vorsatz:
Beim Betreten des Maschinenraumes fällt der Blick auf die mächtigen Zylinderdeckel aus Grauguß. Schwere Zuganker verbinden sie mit dem Zylinderblock. Darüber die Abgas-Turboladergruppe.

PETER GÖHRINGER

TÖRN TU, ASSI

EINE SCHIFFAHRTS-CHRONIK
AUS DEN SECHZIGER JAHREN

VERLAG H. M. HAUSCHILD GMBH · BREMEN

Layout: Ernst August Echtermann · Bremen
Umschlagentwurf: Gernot Braatz · Bremen
Gesamtherstellung: H. M. Hauschild GmbH · Bremen

ISBN 3-926 598-01-8

I must go to the seas again,
to the lonely sea and the sky.
And all I ask is a tall ship
and a star to steer her by,
and the wheel's kick
and the wind's song
and the white sail's shaking.
And a gray mist on the sea's face
and a gray dawn breaking.

John Masefield

Der Autor

stammt wie viele Seefahrer aus dem tiefen Binnenland: 1942 wurde Peter Göhringer in Lahr/Schwarzwald geboren. Er machte dort sein Abitur und kam durch sein Maschinenbaustudium in Konstanz erstmals mit Seeschiffen in Berührung — nämlich mit Bodenseeschiffen. Die waren ihm bald zu klein und die Semesterferien zu langweilig, also suchte er sich im Norden eine Heuer.
So begann die Maschinenassistenten-Laufbahn, die den Verfasser auf kleiner und großer Fahrt an viele Küsten brachte — bis er es satt hatte, unter der Wasserlinie zu arbeiten und über pochenden Motoren zu schlafen.
Heute gehört Peter Göhringer wieder zu den „armen Lüd an Land" und fährt nur noch in den Farben eines Wassersportvereines zwischen den Stackköpfen von Rhein, Weser und Elbe herum. Sein beruflicher Werdegang: Nach einigen Jahren Ingenieurtätigkeit in der Kälte/Klimawirtschaft erlernte er den Journalismus und wurde Chefredakteur einer Fachzeitung. Er arbeitet heute in Karlsruhe als selbständiger Public Relations-Berater für Investitionsgüterfirmen.

Das Buch

ist die Niederschrift von authentischen Erlebnissen und von Aufzeichnungen über den täglichen Wachdienst an Bord. Es ist weniger eine spannende Lektüre, sondern eher ein Zeitdokument über die Seeschiffahrt in den 60er Jahren.
Stellenweise wurde die Wiedergabe des Geschehens modifiziert, um einzelne Ereignisse nicht mit einem bestimmten Schiff in Verbindung zu bringen. Denn mithin wird auch Negatives geschildert. Das scheint dem Chronisten aus zwei Gründen wichtig:
einmal um der Wahrheit willen und andererseits um die Glaubwürdigkeit des Positiven zu erhärten.
Das Buch wäre nicht ohne die Anregung von Freunden geschrieben worden. Und ohne die Hilfe einiger liebenswürdiger Menschen hätte es die vorliegende Form nicht gefunden. So tippte Angelika Rueff unverdrossen das Manuskript achtmal herunter, bis es endlich seine endgültige Fassung gewann. Derweil reproduzierte Marlies Bielfeldt fleißig alte Fotos. Und Alfred Reischl recherchierte den Verbleib der Schiffe. Der besondere Dank des Verfassers gilt Kapitän Franz Rogall von der „Coronel", der während zahlreicher Abendwachen den Verfasser als Lektor beriet.

Dieses Buch widme ich zwei guten Freunden:

Bernd Genath, mit dem ich nunmehr seit über zehn Jahren in der Nordsee segle, und zwar — da beide alte Assis — immer auf dicht befahrenen Dampfertracks, so daß wir auf jedem Törn fast plattgemangelt werden.

Eberhard Wiesner, den ich selbst zur Seefahrt lockte und — als wir glücklicherweise einen gemeinsamen Hapag-Liner hatten — schmählich im Stich ließ, als ich in Le Havre desertierte, weil ich mit dem Chief nicht klarkam.

Kümo „Priamus" auslaufend Malmö

Inhalt

Zwei Schiffbauepochen begegnen sich im Kiel-Kanal:
Ein polnischer Schwergutfrachter klassischer Bauart und ein moderner Containerzubringer.

Kein epochales Vorwort

Zwanzig Jahre danach — auch so könnte der Untertitel dieses Memoiren-Bändchens heißen. In der langen Geschichte der Seeschiffahrt machen zwei Jahrzehnte freilich keine Epoche aus, schon gar nicht in Friedenszeiten. Lohnt es sich also, nach so kurzer Frist eine Chronik zu verfassen? Der Leser selbst wird diese Frage beantworten.

Umwälzungen hat es in der Handelsschiffahrt seit den 60ern fraglos gegeben. Damals gab es noch viele Schiffe aus der Vorkriegsära — betagte Steamer, Liberties, vom Ausland erworbene Musikdampfer, aber auch spektakuläre Neubauten.

Und die Reedereien expandierten. Mit ihnen die Flotte und die Werften. In den Häfen sah man noch die Kombi-Schiffe des Norddeutschen Lloyd mit der gelben Schornsteinfarbe, schnittige Bananenjager von Bruns und Laeisz, Austral-Dampfer des Bremer Schwergut-Spezialisten Hansa, rassige Cap San-Kühlschiffe mit der roten Schornsteinkappe der Hamburg-Süd . . .

Etliche Namen existieren nicht mehr, neue sind hinzugekommen. Die Schiffe — vielfach ausgeflaggt oder in fremder Charter unterwegs — kommen seltener die Elbe und die Weser hoch. Lautet die Destination dennoch Hamburg oder Bremen, so liegt der Umschlagplatz oft weit vor der Stadt und heißt Container-Terminal.

Das Stichwort Containerisierung kennzeichnet den Wandel in den letzten Jahrzehnten gewiß am trefflichsten. Die Erfindung der praktischsten aller Seekisten veränderte die Schiffe, deren Besatzungen, die Routen, die Häfen und die Arbeit. Wo einst viele Hände für das Stauen und Löschen notwendig waren, stehen heute automatisierte Containerbrücken.

Die Liegezeiten sind derart geschrumpft, daß sich ein Landgang kaum mehr lohnt. Wenn aber — so die ganz persönliche Auffassung des Autors — die Häfen das Interessanteste an der Seefahrt sind, lohnt sich dann

noch die Musterung für einen jungen Menschen? Denn wer zur See will, sucht am Anfang auch das Abenteuer.
Beleuchten wir kurz die andere Seite: Die Rationalisierung erfaßte nicht nur den Güterumschlag, sondern gleichermaßen die ganze Schiffsbetriebstechnik. Auf modernen Übersee-Linern ist die Maschine nachts unbemannt; während des achtstündigen Tagesdienstes erledigen die Ingenieure nur noch Routineaufgaben. Wozu also noch Maschinenassistenten, Reiniger und Schmierer, von denen in diesem Buch oft die Rede ist?
Für die Hauptmaschine gibt es heute die computergestützte Fernsteuerung von der Brücke mit selbsttätigem Manöverdrucker, und auch die Hilfsmaschinen haben eine Start-Stop-Automatik. Die Automatisierung ist soweit fortgeschritten, daß selbst der rund um die Uhr unbesetzte Maschinenraum sicher beherrscht wird. Die Wartungsintervalle sind mittlerweile derart lang, daß „Kolben ziehen" und ähnliche Schwerarbeiten mit den regulären Werftliegezeiten zusammenfallen.
Der Fortschritt hat die Romantik verdrängt. Er beschert der Crew oft mehr Freizeit und weniger Maloche — dafür mehr Routinealltag und weniger aufregende Landgänge.
In den 60ern, als der Chronist als Ing.-Assi — ein Rang, den es nicht mehr gibt — zur See fuhr, war das Verhältnis noch ausgeglichen: Knochenarbeit unter Deck im Wechsel mit bunten Hafentagen unterm Kreuz des Südens.
Man konnte die Seefahrt noch als Weltanschauung betreiben. Sie brachte typische Randfiguren wie den „ewigen Seemann" hervor, oft tief aus dem Binnenland kommend: Er verflucht seinen Schlorren schon nach der ersten Reise — aber kaum zwei Wochen bei Muttern, zieht es ihn magisch auf die Planken eines Schiffes zurück. Vielleicht ging mit dem Containerschiff doch eine Seefahrtepoche zu Ende?

Karlsruhe, im Frühjahr 1988

Peter Göhringer

Mit dem Küstentramper unterwegs

Die Episode meiner Seefahrt begann ganz unten — als Schmierer im Maschinenraum eines Küstenfrachters. „Priamus" hieß er — ein schmuckes Motorschiffchen aus Bremen, 1955 bei Lürssen in Vegesack gebaut und mit rund 500 BRT vermessen.

Um die bescheidene Größe dem Laien plastisch zu vermitteln: Eine Registertonne ist ein Raummaß und faßt 2,83 Kubikmeter. Brutto will heißen, daß der gesamte Schiffskörper — nicht nur das Nutzvolumen — vermessen ist. „Priamus" maß demnach rund 1400 cbm, das entspricht dem umbauten Raum eines Wohnhauses für drei Familien. Natürlich war unser Schiff anders dimensioniert als ein Haus. Zwischen den Loten war es ungefähr 60 m lang, 9,5 m breit und der Tiefgang maß vollbeladen an die 3,5 m.

Über 900 t Fracht konnte „Priamus" in den Laderäumen stauen. Die Aufbauten befanden sich alle achtern, und zwei Mc-Gregor-Luken vor und hinter dem Windenhaus machten sie für damalige Verhältnisse zu einem modernen Küstenmotorschiff. Diese bis heute bewährten Patentluken lassen sich per Kettenzug minutenschnell öffnen; dabei richten sich die stählernen Deckel auf und werden hochkant an der Stirnseite der Luke gestaut. Gewiß eine feine Sache für den Reeder, weil dadurch die Lösch- und Ladezeiten schrumpfen. Auch für die Crew?

Für mich war die Seefahrt jedenfalls nur durch lange Liegezeiten interessant, das wußte ich schon nach der ersten Reise. Nicht weil sich anfangs mein Magen im Seegang wie eine Lenzpumpe benahm, die man nicht abstellen konnte — nein, das hatte einen ganz anderen Grund:

„Priamus" war — wie die meisten kleinen Schiffe heute noch — ein Zwei-Wachen-Schiff. Und das bedeutete für den Seemaschinisten und für mich sechs Stunden malochen in der Maschine und dann sechs Stunden frei. Jeden Tag — egal, ob Wochenende oder Feiertag.

Selbstredend, daß ich als unerfahrener Newcomer die 12—18 Uhr- bzw. 24—06 Uhr-Wache gehen mußte. Also ein 12 Stunden-Arbeitstag, der bei notwendigen Reparaturen durchaus überschritten werden konnte. Arbeiten, essen, schlafen — mehr war da auf der Seereise nicht drin. Die Hafenwache dagegen kannte keine festen Spielregeln: Waren die notwendigen Arbeiten verrichtet, blieb die Maschine oft stundenlang verwaist, weil mich der Maschinist mit an Land nahm. Derweil guckte der Schiffspatron selbst nach dem Hilfsdiesel — oder auch nicht.
Landgang war auch für die anderen die Würze bei der Kümofahrt, vor allem wenn es nach Schweden oder Polen ging. Dort gab es willigere Frauen als sonstwo. In britischen Häfen dagegen spielte sich der Landgang oft nur zwischen Pale Ale, Stout und Guiness ab, also in den Pubs. Freilich auch in den höllisch lärmenden Diskos, denn die Swing- und Rockwelle suchte damals jedes Nest zwischen Aberdeen und Falmouth heim.
Aber: Die britischen Mädchen blieben unter sich, oft sorgfältig abgeschirmt durch ihre eifersüchtig wachenden Verehrer. Und die waren in manch britischen Häfen nicht selten so händelsüchtig, wie man es bei uns den Nordfriesen nachsagt. Allein schon deshalb ging ein Seemann an britischen Gestaden lieber mit einer Gang in die Disko und nicht allein. So hatten auf der Kümofahrt jedes Land und jeder Hafen seine Eigenarten, denen die Crew mit anderen Erwartungen entgegensah.
A propos Kümofahrt: „Priamus" war mit ihren 500 Tonnen ein typisches Küstenmotorschiff, sprich Kümo.

Der Begriff Kümo entstammt keiner Klasseneinteilung; er hat sich für Schiffe von 250 bis ungefähr 600 BRT eingebürgert.

Je nach Ausrüstung durfte so ein Schiffchen auch auf mittlere Fahrt gehen — nach Irland beispielsweise und nach Portugal. Unser Schiff dampfte damals überwiegend in der Nord- und Ostsee herum und gewährte mir also typische Kümo-Eindrücke. Der geneigte Leser sei eingeladen, zu einer typischen Skandinavienfahrt an Bord zu kommen.
In einer Juni-Nacht im Bremer Europahafen: Die Deckscrew der „Priamus" macht das Schiff seeklar und verkeilt die Luken, um sie vor Seeschlägen zu sichern.
In der Maschine wird der 600 PS starke Diesel mit Preßluft angelassen. Mit dem Kommando „Leggo" — ein Seemanns-Jargon für „Leinen los" (von britisch: let go) — werden die Festmacher eingeholt. Mit ablaufen-

Unter Ballast auf der Weser: Das Kümo „Priamus“ der Dampfschiffahrts-Gesellschaft Neptun, Bremen — einer Reederei, die sich traditionell mit dem Küstenlinienverkehr beschäftigt.

dem Wasser geht es im nachtdunklen Strom die Weser abwärts, vorbei am Feuerschiff „Bremen“ und dem legendären Leuchtturm Roter Sand, dann in sicherem Abstand um die Nordergründe und das Scharhörn-Riff herum in den Elbtrichter hinein.

Die Sandbänke in der Elbmündung — sie sind oft mehrere Quadratkilometer groß — zählen zu den gefährlichsten der Welt und erfordern von der Brückenwache ein sorgfältiges Navigieren. Läuft ein Schiff hier einmal richtig auf, dann gibt die Bank es erfahrungsgemäß nicht mehr her.

Die Nachtfahrt durch dieses Revier mit den zahllosen Blinkfeuern und den Positionslampen von Mitläufern und Gegenkommern fasziniert auch routinierte Fahrensleute immer wieder. Das dürfte heute nicht anders sein, wenngleich viele markante Feuer gelöscht wurden — zum Beispiel die Feuerschiffe, die bis auf „Elbe 1“ nur noch in Museumshäfen dümpeln.
Wir passieren die Kugelbake bei Cuxhaven und melden uns über UKW

Das Lotsenversetzboot von Malmö legt sich kurz an die Bordwand der aufgestoppten „Priamus", und der Lotse klettert über die Jakobsleiter an Deck.

bei der Schleuse in Brunsbüttel. Etwa zehn Stunden dauert die Fahrt durch den Kiel-Kanal; dann verläßt uns in Holtenau der Kanallotse und wir laufen in den Kiel-Ostseeweg, vorbei am Feuerschiff „Fehmarnbelt".

Etwa auf der Höhe von Gedser läßt unser Kaptein plötzlich stoppen: Ein dänischer Fischkutter aus Klintholm kommt längsseits und übernimmt aus einer Pütz eine Stange Zigaretten und eine Flasche Whisky. Unser Koch erhält dafür gut ein Dutzend Makrelen und Schollen — eine willkommene Abwechslung für die nächsten Mahlzeiten.

Das Manöver dauert nur wenige Minuten. Die Fischer sind darauf eingespielt und wissen hauptsächlich den Schnaps zu schätzen, der zuhause schier unerschwinglich teuer ist. Ob der beliebte Tauschhandel bei den heutigen Preisen für Frischfisch immer noch üblich ist?

Wir gehen auf nördlichen Kurs und laufen in den Öresund ein. Malmö heißt unser erster Hafen, direkt vor der geschäftigen Großstadt gelegen. Zwei Gaffelschoner der schwedischen Marine beleben das Hafenpano-

Schauerböen und Windstärke sieben im Kattegat hindern den dänischen Fischkutter nicht, längsseits zu gehen und Fische gegen Schnaps und Zigaretten zu tauschen.

rama. Außer dem Schloß Malmöhus gibt es im Ort aber wenig zu sehen. Da es in Strömen regnet, können wir nicht laden. Ich lasse mich bis Mitternacht beurlauben und nehme das Tragflügelboot nach Kopenhagen. Binnen einer halben Stunde flitzt es über den Sund und entläßt seine Passagiere in die quirlende Dänen-Hauptstadt.

Mein lüttes Schiff wartet derweil noch auf Profilstahl für die Luke zwo. Alles geht hier eine gemächlichere Gangart als in den deutschen Häfen. So ist es der Besatzung möglich, Landausflüge zu machen, wenngleich die Lösch- und Ladearbeiten nur wenige Stunden dauern.

Unsere nächste Destination ist idyllischer: ein Fjord in Mittelschweden, dessen Ufer kilometerweit mit einem Teppich von schwimmenden Baumstämmen gesäumt sind. Der Zellulosegeruch verdichtet sich, und am Ende der Förde steht erwartungsgemäß eine Papierfabrik.

Hallstavik heißt der Ort, bestehend aus dem Fabrikgelände mit einer Pier, ein paar Holzhäuschen mit der typisch roten Bemalung und einer Bahnstation. Stockholm liegt nur ein paar Zugstunden südlich, aber der

Maschinist ist es leid, schon wieder meinen Törn zu gehen. Also bleibe ich an Bord und beobachte während der Freiwache, wie ein kleiner Hafenschlepper den schwimmenden Rohstoff — Baumstämme, zu großen Flößen zusammengetaut — in Richtung Fabrik befördert.
Wir laden Papierrollen mit cirka 90 cm Durchmesser und mit Längen bis etwa 2 m. Diese Zeitungspapierrollen — Gewicht jeweils bis zu 1,5 Tonnen — haben einen Schutzmantel aus mehreren Lagen Packpapier und mitunter einer zusätzlichen, wasserabweisenden Schicht. Gleichwohl ist die Fracht recht empfindlich: Wenn die Hieve nur leicht gegen die Lukenkimming schwingt, stellen sich später — auf der Rotationsmaschine — oft viele Lagen Papier als Makulatur heraus.

Kantenschäden bei Papierrollen kommen auch vor, wenn bei senkrechter Stauung die Rollen im Laderaum ohne Spezialgeschirr aufgerichtet oder beim Löschen gekippt werden.

Die Stauer der Papierfabrik verstehen freilich ihr Handwerk, und sie laden die Rollen waagerecht mit maximal vier Lagen übereinander.
Hallstavik ist diesmal der nördlichste Punkt der Reise. Oft stehen auf dem Fahrplan auch die Häfen Gävle, Sundsvall und Härnösund — gelegentlich auch Umea. In diesen Breiten sind die Sommernächte schon recht hell; im Winter dagegen wird selbst am frühen Mittag oft mit großen Sonnenlampen gearbeitet — sofern die Wasserwege eisfrei und die Häfen nicht geschlossen sind.
Abwechslungsreich ist die Fahrt durch die Stockholmer Schären. Von Norden kommend wählen wir dicht unter der Küste die Binnenroute, quasi im Kielwasser der Fähren von Finnland und von den Aland-Inseln. Die Schären sind das Ferien- und Wochenendparadies der Schweden, ob an der Ost- oder Westküste. Das verraten die zahlreichen Holzhäuschen auf den größeren, oft bewaldeten Kuppen und die versteckten Anlegestege zwischen den Felsen.
Selbstredend, daß in den Sommermonaten das Revier mit Segelbooten gespickt ist. Eigenes Boot, ein Wochenendhäuschen oder beides — auch für viele Schweden mit mittlerem Einkommen ist dieser Traum Wirklichkeit. Dafür dauert die Segelsaison nur von Juni bis August.
Routiniert steuert unser Schiffspatron die „Priamus“ ohne Lotsen durch den Archipel. Stockholm kündigt sich durch große Wohnblocks auf den Klippen an; bald grüßen vom Zentrum die kupfernen Türme der Riddarholmkirche und vom Stadhuset.

Ein Zentrum im herkömmlichen Sinne hat Stockholm eigentlich nicht. Der faszinierende Reiz dieser Stadt liegt gerade darin, daß beispielsweise im Gegensatz zu Kopenhagen die urbanen Zentren durch große Wasserflächen und Hafengebiete getrennt sind.
Für den Fremden verändert sich das Antlitz der Stadt durch die vielen Buchten, Inseln und Halbinseln ständig — je nach dem Standort und nach der Tageszeit. Denn auch das Licht variiert und zaubert oft eine magische Stimmung hervor, die bisweilen an die Agäis erinnert — vor allem wenn die Sonne tief steht und stark konturierte Schatten hervorruft. Diese Eindrücke verdichten sich von einem fahrenden Schiff besonders: Es gibt keine Verweilzeit; die Impressionen verflüchtigen sich wie in einem Traum und hinterlassen um so stärker den Wunsch, an diesen Ort wieder zurückzukehren.
Das Fahrwasser leitet uns durch die südliche Hälfte der Stadt, und ich verfolge die Passage durchs Bulleye vom Maschinenraum, denn wir sind auf Manöverfahrt. Nach einer Drehbrücke kommt das Kommando wieder auf „voll voraus", und wir dampfen mit elf Knoten in den Mälarsee.
Die eher ländlich denn maritim wirkende Hafenstadt, die wir anlaufen, paßt in diese Idylle: Västeras, die Hauptstadt der Provinz Västmanland, in einer nordwestlichen Bucht des Mälaren gelegen. Västeras verdankt seinen Wohlstand den Erzbergwerken im Norden von Västmanland, und auf der Mole fallen einem gleich schimmernde Halden mit bis zu faustgroßen Erzbrocken auf, die durch den Schmelzprozeß kristallisiert sind.
Nahe am Hafen liegt die mittelalterliche Burg des Landvogts, und auch die wehrhafte Domkirche zeugt von der Geschichte dieser Stadt, die sonst recht verschlafen wirkt.
Historisch interessant ist das Hinterland von Västeras: das Freilichtmuseum Vallby und Anundshög — ein Grabhügel mit einem runenverzierten Monolithen. In der Nachbarschaft befinden sich zwei weitere Kultstätten aus altgermanischer Zeit, im Grundriß schiffsförmig mit Findlingen angelegt.
Die vielen sagenumwobenen Gräber in dieser menschenleeren Umgebung, zuvor der wortkarge Führer in dem unbewohnten Freilichtmuseum — all das läßt die anfängliche Faszination in meinem jugendlichen Gemüt doch rasch wieder schmelzen, und ich nehme den nächsten Bus zurück in die Stadt.

Eine Luke der „Priamus" ist noch offen, entweder weil die Ladegang nicht rechtzeitig beikam oder das avisierte Stückgut. Ich nutze den verzögerten Auslauftermin, um mir in der Stadt eine neue Pfeife zu beschaffen.

Als ich bezahlen will, fragt mich der Ladenbesitzer plötzlich, ob ich vom „Skebb", vom Schiff, bin und — als ich bejahe — ob ich die Pfeife samt Tabak nicht mit Schnaps bezahlen will. Ich überlege nicht lange, eile an Bord zurück und mit einem Johnnie Walker unter der Jacke wieder in das Tabaklädchen. Ein gutes Tauschgeschäft, das meinen Einkauf glatt auf ein Viertel verbilligt. . .

Der Kleinschmuggel mit dem in Skandinavien so begehrten und aberwitzig teuren Schnaps ist recht weit verbreitet. Freihäfen mit Zollschranken wie in Deutschland gibt es in Schweden kaum, und der Zoll kontrolliert die Schifffahrt recht oberflächlich.

Aber der Zoll kennt seine Pappenheimer: Ein Schiff, das einmal durch Schmuggel aufgefallen ist, wird von der „schwarzen Gang" gefilzt, wo immer es nach Schweden kommt. Da hilft kein so vermeintlich raffiniertes Versteck im Maschinenraum, im Schornstein, in der Faulbraß — wie die Abfalltonne heißt — oder gar an einer Leine außenbords. Die auf schmuggelverdächtige Schiffe getrimmten Fahnder, oft selbst einst zur See gefahren, finden die Konterbande garantiert. Extrem hohe Geldbußen schrecken außerdem ab.

Große Schmuggelaffären sind in der Skandinavienfahrt unbekannt; trotz den gewaltigen Preisunterschieden für Hochprozentiges. Im kleinen Stil ja — wenn es darum geht, eine Freundin zu beschenken oder beim Landgang in der Disko mal den großen Gönner zu markieren.

Von Västeras geht die Reise nochmals durch den lieblichen Mälaren, dann zur Seeschleuse in Södertälje.

Der Schiffsverkehr von und zum Mälarsee passiert hauptsächlich die Schleuse Södertälje, weil das Ein- und Auslaufen durch Stockholm wesentlich mehr Zeit beansprucht.

Bald lassen wir die schwedische Küste hinter uns und fahren in einem Rutsch zum Kiel-Kanal.

Kurzweiliger als nach Schweden oder Finnland waren die Kümo-Fahrten rund um Dänemark, oft verbunden mit einem norwegischen Anlaufhafen. Man schippert überwiegend unter Land, durch Belte und Sunde, und zwischen den Häfen liegen oft nur einige Stunden Fahrtzeit.

Kümo-Kapitän E. Lange prüft im Kartenraum, ob der gepeilte Standort mit dem Besteck übereinstimmt.

Von Kiel kommend hieß die erste Destination oft Aarhus, ein stark frequentierter Industrie- und Werfthafen direkt vor der Stadt. Die blitzsaubere Altstadt macht den Landgang lohnenswert. Mehr beeindruckt hat mich aber das knapp eine halbe Tagesreise nördlicher gelegene Aalborg, Heimat des gleichnamigen Aquavit. Es mutet den Besucher schon seltsam an, wenn im Schatten der großen Destille die Spirituose ein mehrfaches kostet als zu Hause.
Was macht das Städtchen so liebenswert? Aalborg hat viel maritimes Flair. Die perfekt restaurierte Altstadt beginnt direkt am Hafen, und dort konzentrieren sich außer einladenden Kros — sprich Wirtshäuser — viel Kleingewerbe und Antiquitätenhändler, darunter etliche mit Schiffsantiquitäten. Allenfalls Svendborg auf Fünen, meine ich, hat noch so eine historische Hafenatmosphäre.
Einen richtigen Hafen hat Aalborg eigentlich nicht. Die Mole ist vielmehr ein befestigter Teil des Fahrwassers, das vom Kattegat in den östlichen Teil des Limfjordes führt. Die Ansteuerung ist nicht ganz unpro-

blematisch, bedingt durch die enge, gewundene Fahrrinne, durch Bänke und den hier schon spürbaren Gezeitenstrom, der vom Skagerrak her einwirkt.
Von Aalborg fahren wir etwa 50 Seemeilen weiter mit nördlichem Kurs nach Frederikshavn, ein ebenso großer wie trister Industrie-Fährhafen für den Verkehr nach Göteborg. Hier lohnt es sich nicht, einen Fuß an Land zu setzen, und ich poliere lieber meine Messingarmaturen unter Deck oder putze mit Schmirgelleinen die Grätings-Geländer.
Um so kontrastreicher entpuppt sich Skagen, der nördlichste Hafen Dänemarks. Er ist von Frederikshavn aus binnen zwei Stunden erreichbar, wird aber selten angelaufen. Denn Skagen ist in erster Linie ein Fischereihafen, und der Fisch prägt auch den ganzen Ort. Die rot-weiß gestrichenen Holzhäuser an der Pier beherbergen hauptsächlich Magazine, Räuchereien und andere Fischverarbeiter, ferner Schiffs- und Provianthändler. Gleichwohl ist ein penetranter Fischgeruch nicht feststellbar, denn Skagen ist eine der windigsten Ecken von ganz Jütland.
Wir nehmen in Skagen nur eine Hieve an Deck, fassen etwas Proviantlast und laufen dann abends ins Skagerrak aus. Eine schiere Armada von Trawlern folgt uns, ferner Fähren, Frachter und selbst Kreuzfahrer. Sie alle dampfen rund Skagen in die Nordsee, etliche wollen nach Oslo.
Die Ruderwache guckt fast mehr achteraus als über den Bug, um nicht den Kurs der aufkommenden Mitläufer zu kreuzen. Der dichte Schiffsverkehr erinnert geradezu an die Außenweser, und es kommt sogar zweimal vor, daß der Steuermann einen Fischer mit dem Suchscheinwerfer anblinkt, weil er uns gefährlich nahekommt.
Wir dampfen mit halber Kraft, um nicht vor der Morgendämmerung in unserem Zielhafen — Arendal in Norwegen — anzukommen. Lange bevor es graut, schimmert uns über dem Horizont der Schein des weittragenden Leuchtfeuers Torungen entgegen. Die gleichnamige Felseninsel liegt etwa fünf Seemeilen vor der Einfahrt nach Arendal und ist zugleich die Lotsenstation.
Die schmale Passage zwischen den Inseln Tromsö und Hisöen verleiht der Einfahrt den Charakter eines Fjordes, und das Felsengewirr auf der Seekarte ermahnt zu großer Vorsicht. Souverän navigiert ein Lotse unser Schiff zwischen den Schären und Unterwasserfelsen hindurch. Die Betonnung ist einwandfrei und lückenlos. Die schroffen Felsen fallen auch unter Wasser nahezu senkrecht in große Tiefen ab, so daß man sie gefahrlos in einigen Metern Abstand passieren kann.

Für ein Kümo ist die Navigation zwischen den Schären am Tage gar nicht so schwierig, wie es dem ungewohnten Skipper anfangs erscheint. Notfalls folgt man einfach dem Kielwasser der Versorgungsschiffe, die auf geschützten Binnenrouten die größeren Inseln anlaufen.

Die Postboote verkehren an der ganzen norwegischen Schärenküste bis weit hinauf ins Nordmeer und rund um das Nordkap.

Ungeachtet der Witterung haben diese legendären Postboote das ganze Jahr über tägliche Abfahrten. Und das Wetter ist besonders am Skagerrak recht launisch:
Hier laufen viele Island- und Irland-Tiefs aus, und die ausgleichende Wirkung des Golfstromes fehlt an diesem Küstenabschnitt. Strahlende Sonnentage wechseln mit plötzlichem Schauerwetter, das tiefjagende Wolken und eisige Fallböen mit sich bringt. Kein Wunder, daß es hier — im Gegensatz zu der schwedischen Schärenküste — fast keine Segler gibt. Yachthäfen sind praktisch unbekannt. An den zahllosen Anlegestellen in dem Felsenlabyrinth liegen fast nur Motorboote mit dem typischen Spitzgattheck; sie gelten mithin als die besten der ganzen Welt.
Die Küstenschiffe und das eigene Boot sind für viele Behausungen und kleine Fischerdörfer in den Schären die einzige Verbindung zum Festland. Post, Lebensmittel, Wirtschaftsgüter, Besucher — alles wird dort sommers wie winters übers Wasser transferiert.
Esbjerg an der dänischen Nordseeküste ist unser nächster Hafen. Etwa ab Hanstholm fahren wir in Sichtweite der jütländischen Küste. Sie wirkt durchs Glas wie eine Mini-Alpenlandschaft, denn die Dünen sind ungewöhnlich hoch: Bis zu zwanzig Metern und mehr türmen sie sich zu bizarren Gebilden auf. Erst südlich von Esbjerg beginnt dann das Nordseewatt.
Bei der Einfahrt nach Esbjerg merken wir, daß wir uns in Gezeitengewässern befinden: Wir laufen bei Flut mit starkem Mitstrom ein, und da ein steifer Wind mit fünf Beaufort gegenansteht, bildet sich eine kabbelige See mit kurzen, steilen Wellen.
Esbjerg, Dänemarks Tor gen Westen, ist erst hundert Jahre alt und eine Industriestadt, in der es sich nur zum Einkaufen an Land zu gehen lohnt. Eine Perle ist die gegenüberliegende Insel Fanö, mit gemütlichen Kros zum Krabbenessen. Der Maschinist serviert mir indessen ganz spezielle Krabben — die Auslaßventile eines Hilfsdiesels, die einzuschleifen sind.
Die Heimreise bringt mir zusätzliche Überstunden an einem besonders

gemütlichen Ort — nämlich im Doppelboden. Eine Frischwasserleitung leckt dort; vermutlich ist eine Flanschverbindung lose. Ich bekomme eine lange Leine um den Bauch und krieche mit Werkzeug und einer Taschenlampe durch ein Mannloch in den finsteren Rohrkanal.
Im Schiffsboden vagabundierendes Wasser rauscht und gluckst, und ich frage mich, weshalb ich so ein jämmerliches Ende finden sollte. Auf allen Vieren zwischen den Spanten herumkriechend, finde ich die Leitung und den losen Flansch und knalle die Schrauben mit aller Kraft wieder fest. Als mich der Hades verdreckt und durchnäßt wieder entläßt, das Mannloch verschraubt und die Sonnenlampe im Kabelgatt gestaut sind, ist meine Wache fast zwei Stunden überschritten.
Unser Schiff steht heimkehrend in der Außenweser, und wir passieren in der gleißenden Morgensonne den Leuchtturm Alte Weser. Nur die Gewißheit, daß ich am Abend abgemustert habe und auf der Bahn zu Muttern bin, läßt einen Funken Seefahrtromantik in meiner Seele überleben.

Der markante Leuchtturm von Grimsby in der Humber-Mündung. Die Tide bestimmt die Ein- und Auslaufzeiten in den Hafen durch die Dockschleuse.

Auf Schlickrouten nach Britannien

Die Kümofahrt in den Sechzigern war keineswegs so hektisch wie in den späteren Jahren, als die Frachtschiffahrt konsequent containerisiert wurde. Wir mußten die Häfen nicht auf die Stunde genau nach Fahrplan anlaufen; oft gab es zudem Wartezeiten — auf Reede oder an der Pier. Entweder war kein Liegeplatz frei, oder die Fracht war nicht da — oder es regnete und die Luken blieben zu. Das alles machte das Leben auf einem Zwei-Wachen-Schiff erträglich und ließ die Crew auch hinreichend an Land kommen. Extrem langsam arbeiteten vor allem die britischen Häfen, und irgendein Streik hielt das Schiff fast immer länger fest als geplant.

Die Seefahrt nach Britannien unterscheidet sich in mancherlei Hinsicht von den Ostseereisen: Sie stellt höhere Anforderungen an die Seemannschaft, bedingt durch das rauhere Revier und vor allem durch die gebotene Gezeiten-Navigation. Die Tide bestimmt oft die Einlauf- und Auslaufzeiten.

Die Häfen heißen „Docks“, denn sie sind vielfach wie geflutete Trockendocks ausgeführt. Nur ein bis zwei Stunden vor und nach Hochwasser macht der Hafenkapitän das Docktor für den Schiffsverkehr auf, damit der Wasserstand im Hafenbecken nicht zu sehr sinkt. Flaggen und Bälle signalisieren die Erlaubnis zum Ein- und Auslaufen. Seltener sind Häfen mit modernen Schleusen, in denen sich das Niveau nicht verändert. Daneben gibt es offene Gezeitenhäfen mit allzeit hinreichender Wassertiefe — oder auch nicht. Oder eine Barre versperrt die Einfahrt bis kurz vor dem höchsten Wasserstand. Kommt man zu früh an, dann heißt es eben warten — hin und wieder mit schleifendem Anker, weil ein starker Strom steht.

Quer-, Kreis- und Neerströme, die vom allgemeinen Gezeitenstrom abweichen, erfordern hauptsächlich an den Flußmündungen eine gute Seemannschaft.

Das alles sorgte in der Kümofahrt nach England für reichlich Abwechslung, denn — im Gegensatz zu den Dickschiffen, die nur Relationen zu den großen Häfen unterhielten — lief man mit dem Kümo oft wahre Schlicklöcher an, die schlecht zu navigieren sind und bei Ebbe weitgehend trockenfallen. Begleiten wir so eine Stückgutreise nach Britannien:

Hält man von der Helgoländer Bucht stur nach Westen, so sind es rund 300 Seemeilen nach Grimbsby in der Humbermündung. Dort liegt unter anderem die größte Fischereiflotte Englands. Grimbsby ist eine öde, schmuddelige Stadt — und verflixt windig, denn sie liegt ungeschützt an der Nordsee. Als ich Britanniens Küste dort im Februar zum ersten Mal betrete, kaufe ich mir zuallererst lange Unterhosen und langärmelige Unterhemden. Ich behielt sie zwanzig Jahre lang, denn es waren die wärmsten, die ich je besaß — aus feingewobenem Mako gefertigt und zum Schnüren. Die gab es einfach nur in England. Mehr fällt mir zu Grimbsby wahrhaftig nicht ein.

Doch, noch etwas: Als wir bei aufbrisendem Wetter auslaufen — ich habe Freiwache —, steige ich in den Mast, um ein Erinnerungsfoto von Englands Küste mit dem Leuchtturm von Grimsby zu schießen. Wie ein riesiges Pendel schwingt das Schiff dort oben, und ich komme von der Saling fast nicht mehr herunter: Beim Aufentern und Fotografieren kühlen meine Finger derart ab, daß sie völlig gefühllos werden. Da hilft auch das schöne Mako auf dem Leib nicht. Ich winkle beide Unterarme um die Eisenleiter und komme ohne Absturz mühsam von der schwindligen Höhe herunter, kurz bevor mir die Hände ganz abfallen. Der Skipper hat das beobachtet, ruft mich auf die Brücke und verklart mir, daß ich die Kletterei gefälligst bleiben lassen soll — sonst schickt er mich im nächsten Hafen als Zirkusclown an Land.

Wir laufen zurück nach Hamburg, dann nach Belgien, laden dort Holzschnitzel und bringen sie nach Newhaven. Dieser offene Gezeitenhafen an der Südküste Britanniens hat eine ausgebaggerte Rinne und eine Pier für große Seeschiffe. Tidenunterschied: rund 8 m. An Land hübsche Holzhäuser, ein paar Tante-Emma-Läden und zwei Restaurants, die einem das Essen abgewöhnen.

Um so imposanter ist die Landschaft an diesem Küstenstrich: Die weißen Klippen der Steilküste leuchten bei tiefstehender Sonne geradezu magisch; kontrastreich hebt sich hin und wieder ein rotberingter Leuchtturm vor dieser Kulisse ab.

Monatlich einmal vorgeschrieben: das Rettungsbootmanöver. „Mannschaft antreten zum Ausbooten" heißt es dann.

Vor dem Auslauftermin ordnet der Kapitän noch ein Rettungsbootmanöver an, wie es laut Schiffssicherheitsverordnung einmal im Monat vorgeschrieben ist. „Mannschaft antreten zum Ausbooten" heißt es dann, und die Crew steigt mit angelegten Schwimmwesten in das offene Rettungsboot, das weggefiert wird. Der Deuwel, mit den schweren Riemen gleichförmig zu pullen, ist schwerer als man denkt. Und bringt uns schon nach einer Viertelstunde schwer ins Schnaufen.
Auf einem strammen Südkurs geht es von Newhaven in die Normandie, wo an der Küste östlich der Halbinsel Cotentin noch etliche Wracks von Invasionsfahrzeugen gespenstisch aus dem Wasser ragen. Caen heißt unser Zielhafen, der über einen Kanal mit der See verbunden ist.
Bei einem weiteren Zwischenstop in einem Scheldehafen nehmen wir erneut Fracht für Britanniens Ostküste. Diesmal kokettiert old England mit seinen ganzen Reizen. Whitby heißt der kleine Hafen in Yorkshire, der mir so erinnerlich ist wie kaum ein anderer. Zwischen hohen Klippen öffnet sich eine schmale Einfahrt zu dem verschlickten Hafen mit abbröckelnder Mole und einer verrosteten Hebebrücke. Man liegt mitten vor der lebhaften Altstadt mit ineinandergeschachtelten Häusern, die sich beidseitig vom brackigen Fluß an den Hängen drängeln.
In den Gassen von Whitby erinnert die Szene an die Holzschnitte von Hogarth, der das lärmende, oft derbe Treiben der Händler und Kleinbürger so trefflich festhielt. Und hoch über den roten Ziegeldächern mit dem unverwechselbaren Kamingewirr thront Whitby-Abbey — eine Klosterruine mit einem uralten Friedhof, auf dem zwischen hohen Gräsern windschiefe Kreuze der rauhen Witterung trotzen.
Schrill bricht sich an den Felsenkliffs von früh morgens bis in die Nacht das Geschrei von „Jan von Gent" — jener pfeilschnellen und schlanken Möwengattung, die sich oft aus über zwanzig Metern Höhe senkrecht und mit eingeklappten Flügeln wie ein Stein ins Wasser fallen läßt, um den erspähten Fisch zu erbeuten. Diese Akustik ist für Whitby nicht minder charakteristisch wie die verlottert-romantische Altstadtidylle.
Die meisten übrigen Häfen der britischen Ostküste lassen diesen altmodischen Charme vermissen. Es sind marode Löcher, umgeben von einer schwarzen und rauchenden Industrielandschaft. Vom Reichtum des einstigen Empires ist hier nichts zu spüren. Die Straßen sind abends dunkel und menschenleer. Das urbane Leben konzentriert sich auf rauchgeschwängerte Pubs und Imbißstuben, in denen sich das Industrieproletariat trifft.

Wie ein Tramper klapperten wir einmal auf einer Reise jene Häfen ab und pickten überall ein paar Kolli oder Säcke auf: Hartlepool nördlich des River Tees hat einen verwinkelten Hafen mit zeitweise starker Querströmung vor der Einfahrt. Nachts sind die grünen und roten Feuer auf den Molenköpfen nicht einfach auszumachen, denn sie stehen beim Einlaufkurs direkt vor den Lichtern der Stadt; obendrein irritieren die Scheinwerfer von Autos auf der Küstenstraße. Das trifft für die Ansteuerung von etlichen anderen Häfen gleichermaßen zu, und wie der Steuermann verlauten läßt, ist es keine Seltenheit, daß ein Feuer erloschen ist.

Nördlich von Hartlepool verdichtet sich der Schiffsverkehr, denn hier reihen sich wichtige Industriehäfen aneinander: Sunderland, South Shields, Tynemouth, Blyth und in der Tynemündung das große Newcastle.

Das Schlimmste, das einem an diesem Küstenstrich widerfahren kann, ist, daß die Docker streiken und der Eimer tagelang an der Mooring liegen muß. Das passiert uns in einem der erwähnten Häfen, und wir ziehen zwei turnusmäßig ohnehin fällige Kolben. Zwischendurch tum-

In der Maschine bekam der Assi von „der See“ nur wenig mit. Ein beliebter Aufenthaltsort in der Freiwache war daher die Brücke.

melt sich die Crew stundenlang auf einem riesigen Schrottberg in der Nähe des Liegeplatzes. Ausgemusterte Maschinen und Apparate jedweder Art machen diese chaotische Stätte interessanter als den Gang in die triste Stadt.

Fast zwei Wochen dauert dieser unfreiwillige Aufenthalt an dem tristen Schlengel, und eine Rarität erinnert mich noch heute daran: ein kompletter kleiner Gasmotor mit Schwungrad, so um die Jahrhundertwende gegossen und von mir aus dem Schrottberg am Tyne regelrecht ausgegraben.

Nun, Mittelengland trägt eben den Stempel der Kohlenreviere und des Industrieproletariats. Aber es wäre unfair, nur die Schattenseiten aufzuzählen. Denn die Küste zwischen den Häfen wirkt durchaus anziehend: Bis zur Tees-Bucht ist die Landschaft stark strukturiert mit zerklüfteten Klippen. Flache Plateaus wechseln mit Schluchten, in denen eine saftig grüne Vegetation bis ans Ufer reicht.

Flach wird es dann nördlich von Hartlepool. Dafür fesseln den Seefahrer einige Tupfer vor der Küste: das Leuchtfeuer auf der Insel St. Mary's, das wie eine Kapelle ausschaut, oder der trutzige Turm von Lizzard Point. Oder die zauberhaft-romantische Silhouette von Coquet-Island mit dem zinnenbewehrten Leuchtfeuer. Leider ist bei vielen Seeleuten der Blick für eine solche Szenerie abgestumpft. Wer sich aber daran ergötzen kann, kommt erst recht auf seine Kosten, wenn es weiter nach Schottland geht.

Für Schottland gilt zunächst wie für Britanniens Ostküste generell: Die Häfen — sieht man von Edinburgh ab — sind alles andere als attraktiv; dafür ist die Küste um so faszinierender. Wir werden sie noch kennenlernen.

Nachdem wir am Tyne endlich unsere Fracht losgeworden sind, fahren wir zunächst mit leerer Proviantlast zurück nach Bremen „for order". Wir laden dort Chemikalien in Fässern und ein paar landwirtschaftliche Maschinen, um gleich wieder nach Britannien zu versegeln.

In Sunderland löschen wir binnen weniger Stunden die Maschinen, dann heißt die nächst Destination Grangemouth in Schottland. In einem großen Bogen umschiffen wir diesmal die Kohlenhäfen am Tyne. Einmal wegen der zahlreichen Lachsfischer, die weit vor der Küste mit mehreren hundert Meter langen Netzen fischen, dann, um weiter nördlich die Felsen von Farne Island und Holy Island in sicherem Abstand zu umfahren.

Auf der Höhe von St. Abbs machen wir wieder unseren Landfall — an einer Küste, die schon von weitem Wildheit und Anmut zugleich signalisiert: über hundert Meter hohe Klippen mit grünen Kuppeln, dazwischen die Lowelands mit satten Weideflächen. Schottland begrüßt die ankommenden Seefahrer wirklich wie auf den Prospekten der Reisebüros — vor allem, wenn durch einen dräuenden Regenhimmel plötzlich die Sonne hervorbricht.

St. Abbs Head mit seinem starken Blitzfeuer steht am südlichen Eingang zum Firth of Forth. Etliche Seemeilen weiter im Trichter ragt Bass Rock senkrecht aus dem Wasser, ein düsterer Felsenkoloß, umschwirrt von unzähligen Seevögeln.

Wir halten uns in der Mitte des Firth, melden uns über UKW bei der Lotsenstation und erfahren, daß wir vermutlich ein paar Stunden auf der Edinburgh-Reede ankern müssen. Der Grund: Im Flutdock von Grangemouth liegt mit Ruderschaden ein Pole, der erst verholt werden muß.

Mit langsam törnender Maschine nähern wir uns der Insel Inchkeith mit der Lotsenzentrale und stoppen auf. Weitere Ankerlieger lassen darauf schließen, daß wir nicht vor dem Abend eindocken werden.

Erst nach Sonnenuntergang bringt das Versetzboot den Lotsen an Bord, und wir passieren die gigantischen Forth-Brücken. Grangemouth liegt in der hintersten Ecke der Förde, und die hat es in sich: Ein Ebbstrom mit etwa vier Knoten, der quer zur Einfahrt in die Schleuse steht, drückt unser Heck trotz Gegenruder unsanft an die Mauer und hinterläßt einen leichten Plattenschaden. Normalerweise befinden sich in den Flutdocks Reibhölzer — in Grangemouth fehlen sie. „Döskop" meint der Alte über den Lotsen, und ich erfahre, daß es unter Lotsen nicht nur Kapitäns-Asse, sondern mitunter auch unsichere Kandidaten gibt.

Der Lotse hat eine beratende Funktion, denn die Verantwortung für das Schiff und somit die Befehlsgewalt bleibt beim Kapitän. Der Rat des revierkundigen Lotsen wird vom Kapitän freilich normalerweise stets uneingeschränkt befolgt.

Grangemouth ist ein armseliges Nest mit niedrigen, rauchgeschwärzten Häuserzeilen. Abends sind die Straßen ausgestorben, und Menschen trifft man nur in dem einzigen Pub. Man bleibt am besten an Bord oder nimmt, wenn die Zeit reicht, für ein paar Pfund ein Taxi nach dem 40 km entfernten Edinburgh. Diese Stadt ist auch am Abend voller Leben und bestätigt, daß die Schotten lebhaftere Menschen sind als die distanzierten Engländer.

Whitby im Frühnebel: Der romantische Schlickhafen bietet mehr Abwechslung als die sonst recht tristen Kohlenschlengel an Englands Ostküste.

Im Pub von Grangemouth habe ich dennoch etwas erfahren, wenn auch nichts Erfreuliches — die tiefe Abneigung der Schotten gegenüber ihren südlichen Landsleuten. Sie gipfelte in der boshaften Frage der Einheimischen, warum die Deutschen im letzten Krieg nicht nach England, sondern nach Rußland eingefallen sind. Relikte aus dem 18. Jahrhundert, als das Vereinigte Königreich gewaltsam geschmiedet wurde?

Eine friedlichere Entdeckung mache ich auf der Heimreise: Bei der Ausfahrt aus dem Firth tummelt sich eine Delphin-Schule vor dem Bug. Pfeilschnell und mit eleganten Sprüngen schneiden die dunklen Leiber den Kurs dicht unter der Wasseroberfläche, oft nur einen halben Meter vom Steven entfernt. Man starrt gebannt auf die präzis ausgeführten Sprünge und Manöver in der Erwartung, daß eine Kollision unvermeidbar sei. Delphine in der schätzungsweise 2 °C kalten Nordsee, wer erwartet das schon.

Wer Britanniens Ostküste allein vom Linienverkehr zu den Humber- und Tyne-Häfen her kennt, hat freilich nur einen finsteren, verwahrlosten Küstenstrich in Erinnerung. Die Kümofahrt längs der Küste mit ihren kleinen Seehäfen hinterläßt ganz andere Eindrücke. Whitby haben wir schon kennengelernt; von ganz anderem Charakter sind die kleinen

Häfen in The Wash, dem einzigen großen Wattgebiet von England. Sie sind ohnehin nur von Küstenschiffchen anzulaufen, und auch ihnen verlangt die Ansteuerung ein sorgfältiges Navigieren ab.
Allein die rund sieben Meter hohe Tide bestimmt hier die Einlauf- und Auslaufzeiten. Mehrere Flüsse münden in die Bucht und verändern den Sechs-Stunden-Rhythmus der Gezeiten — beispielsweise auf vier Stunden Flutstrom und acht Stunden Ebbstrom.
Die Flüsse und Priele haben außerdem vor der Bucht und vor jedem Hafen eine Barre entstehen lassen, die bei Niedrigwasser frei liegt. Diese ist nur bei Hochwasser passierbar. Dabei kommt es manchmal zu einer leichten Grundberührung, wenn das Schiff zu tief abgeladen ist. Oder wenn der Skipper bei rauhem Wetter die Grundseen unterschätzt und nach seiner Rechnung genug Wasser über der Barre wähnt.
Von Osten kommend steuert man The Wash vom Feuerschiff „Dudgeon" an, das rund 20 Seemeilen nördlich von Cromer liegt. Südwestlich davon erreicht man über die Boje Fairway und einen gut betonnten Priel den kleinen Hafen Wells-next-the Sea. Er liegt noch außerhalb der Wash-Bucht, hat aber tückische Schiffsfallen in Form von Bänken und einer Barre vor der Einfahrt. Wrackreste sind dafür beredte Zeugen.

Wells ist ein offener Gezeitenhafen, umgeben von Dünen und Kiefernwäldchen. Da hier die hohen Klippen fehlen, schützt — wie in Friesland — ein Deich das flache Hinterland vor der See.

Der Ort selbst macht einen properen Eindruck — ganz im Gegensatz zu den schwarzen Industriehäfen Mittelenglands. Die Restaurants bieten vortreffliche Puten und Enten an, aber zu stolzen Preisen. Hier macht im Sommer gewiß nicht das Proletariat Urlaub, sondern die Mittelschicht von Norfolk. Darauf weisen auch zahlreiche Yachten hin, die jenseits des Priels frei an ihren Bojen schwojen — oder wie gekentert auf dem Schlick liegen, wenn das Wasser abgelaufen ist.
Häufiger angelaufen wird King's Lynn, eine alte Handelsstadt mit mittelalterlichen Zunfthäusern und viktorianischen Fassaden. Wir haben es von Wells aus angesteuert und auch von dort gleich den Lotsen angefordert. In einem weiten Bogen umfahren wir die Burnham Flats, um in The Wash überhaupt einmal hineinzukommen. Wenn man Glück hat, sieht man hier Seehunde, die sich auf den Bänken aalen.
Gezeitenkalender und Stromatlas sind wiederum die wichtigsten Navigationsmittel, um King's Lynn — über das Lynn-Tief und den ausgebag-

gerten Lynn-Kanal — ohne Grundberührung zu erreichen. Die Barre vor der Kanalmündung fällt bei Ebbe etwa 1 m trocken. Stromgeschwindigkeiten bis zu fünf Knoten sind in diesem Wattfahrwasser keine Seltenheit, dazu kommt, wie erwähnt, der asymmetrische Tidenverlauf durch die Einwirkung der Flußmündungen.

So kann es örtlich vorkommen, daß der Flut- bzw. Ebbstrom jeweils nur drei Stunden lang fließt; dazwischen liegen sechs Stunden Stillstand. Das liegt an der Barre, die das auflaufende Nordseewasser erst mal drei Stunden lang blockiert, bevor es das Hindernis überwindet und dann die restlichen drei Stunden bis zur Stromkenterung mit reißender Geschwindigkeit vorwärtsdrängt.

Wie die langsamen Fischerboote und privaten Schlickrutscher die Strömung überlisten, konnte ich während der Wartezeit im Lynn-Tief verfolgen: Von See kommend, fahren sie munter auf die Barre zu, bis der Steven aufläuft. Minutenlang hängen sie dann fest, treiben mit der nächsten Flutwelle ein Stückchen oder ein paar hundert Meter weiter und rutschen schließlich über den letzten Sandbuckel in den Lynn's Channel hinein.

Die navigatorischen Schwierigkeiten sind für den seefahrenden Youngster recht interessant; für den Kümo-Kapitän machen sie die Englandreisen eher unbeliebt. Dazu muß man wissen, daß die Annäherung an Britanniens Küsten auch dort nicht unproblematisch ist, wo die Steilküste schnurgerade verläuft. Sände und Unterwasserhindernisse erschweren die Ansteuerung und fordern dem Skipper eine routinierte Gezeiten-Navigation ab.

Künstliche Hindernisse gesellen sich hinzu: hin und wieder ein alter Flakturm aus dem letzten Krieg, der in der Karte nicht verzeichnet und außerdem nachts unbefeuert ist. Auch die ersten Bohrplattformen wurden damals aufgestellt — Explorationstürme, die meist wieder abgebaut und daher gleichfalls nicht kartographiert wurden.

In den deutschen Seekarten und dem Nordsee-Handbuch des DHI fehlen oft auch Bojen für die Ansteuerung der weniger wichtigen Häfen. Unser Kapitän zog daher die britischen „Admirality Charts" vor. Diese Karten sind vollständiger und weisen zusätzliche Feinheiten auf. Sie sind unter anderem vierfarbig angelegt, weil auch die Flußmündungen eigens koloriert sind.

Zum Inventar des Kartenraumes gehörte außerdem ein englischer Almanach — z. B. der „Reeds" mit Stromkarten, Gezeitentabellen, Funk- und

Leuchtfeuerverzeichnissen, Frequenzen, Tabellen für die Astronavigation und vielen Ansteuerungshinweisen.
Kümofahrt in Nord- und Ostsee — das war stets spannende Fahrt, im nautischen Sinne wie auch beim Landgang. Und oft ereignisreicher als auf einem Linien-Frachtschiff in fremder Charter, das mithin jahrelang zwischen zwei Häfen in Amerika hin- und herpendelt.

„Erwin Schröder“ auslaufend Antwerpen mit Destination Montreal. Die Bäume sind für den langen Seetörn niedergelegt und alle Geitaue und Runner festgezurrt.

In Charter zu den Großen Seen

Antwerpen, August 1965: Mit einer Heuer als Maschinenassistent in der Tasche komme ich per Nachtzug aus Hamburg in dem großen Scheldehafen an. Am Schuppen 25 liegt das Hamburger Motorschiff „Erwin Schröder", das während der ganzen Semesterferien mein Zuhause sein wird.
„Canadian Pacific" steht in großen Lettern auf dem schwarzen Rumpf und verrät dem Eingeweihten, daß das Schiff in Charter der kanadischen Eisenbahngesellschaft fährt. Destination: die Häfen am St.-Lorenz-Strom in Kanada und an den Großen Seen. Beliebte Reisen, weil viele Lösch- und Ladehäfen, allesamt mit guten Einkaufsmöglichkeiten, angesteuert werden.
Der Ladebetrieb ist in vollem Gang, aber es geht schleppend voran. Das liegt nicht an den Schauerleuten — die haben hier einen erheblich besseren Ruf als ihre britischen Kollegen — sondern an Antwerpens veralteten Transportmitteln und Kränen. Letztere scheinen die Arbeiten manchmal eher zu behindern als zu beschleunigen und — je nach Ladungsart — ziehen es die Schiffe vor, die Bordkräne einzusetzen.
Ich ziehe in die Assi-Kammer und stelle fest, daß die zweite Koje von einem Schmierer belegt ist. Ein zweiter „Assi" ist nicht an Bord — das ist auf kleineren Schiffen nicht ungewöhnlich. Im übrigen ist ein erfahrener Schmierer, der die Maschine in- und auswendig kennt, für seinen Wachingenieur eine wertvollere Hilfe als ein neuer Assistent, dem er jeden Handgriff erst zeigen muß.
In der Hierarchie ist es umgekehrt: Der Maschinen- oder Ingenieur-Assistent ist ein Offiziersanwärter für die technische Laufbahn. Er gehört schon zur Offiziersmesse — etwa wie beim Militär der Fähnrich —, erhält aber erst nach zwei Jahren Fahrtzeit und dem Besuch einer Ingenieurschule ein Patent.

Für den Transatlantik-Dienst charterte die kanadische Eisenbahngesellschaft Tonnage aus der Bundesrepublik, so von der Hamburger Reederei Richard Schröder.

Der Schmierer hingegen strebt nicht nach Offiziersweihen. Er ist quasi Facharbeiter für den Maschinenbetrieb und sollte bereits an Land einen Handwerksberuf in der Metallbranche — so als Schlosser, Werkzeugmacher oder Kesselschmied — erlernt haben. Schmierer wird man aber erst nach einigen Jahren Fahrtzeit als Reiniger auf einem Motorschiff oder als Kohlentrimmer auf einem Dampfer. Reiniger war mein letzter Dienstgrad auf dem Nordsee-Kümo.

Heute sind diese Dienstgrade allesamt verschwunden und durch den „Schiffsmechaniker" ersetzt worden, der sowohl an Deck als auch in der Maschine eingesetzt werden kann. Die Automatisierung der Antriebstechnik und der Hilfsmaschinen an Bord trug zur Schaffung des neuen Berufsbildes bei.

Kehren wir an Bord der „Erwin Schröder" zurück. Als typischer Allround-Trockenfrachter für die weltweite Trampfahrt kann er eine breite Ladungspalette befördern, beispielsweise Papier, Zellulose, Paketholz, zahlreiche Schütt- und auch Schwergüter.
Das Schiff gehört zu einer Serie von drei baugleichen Einheiten — alle

Mitte der 50er Jahre bei der Norderwerft in Hamburg gebaut — und hat nicht die typisch bundesdeutschen Formen seiner Zeit. Mittschiffs erhebt sich das Brückenhaus für die nautische Führung des Schiffes; achtern befinden sich das Maschinenhaus mit dem Schornstein, die Wohnräume für das Maschinenpersonal und das Mannschaftslogis. Ohne die Ladeinsel auf dem Vorschiff und die vier Ladepfosten mit den Bäumen würde man „Erwin Schröder" für einen kleineren Tanker halten.

Noch ein paar technische Daten: Unser Schiff ist über alles 106 m lang und kann in den drei holzgedeckten Luken 3800 Tonnen stauen. Es hat zehn Leichtgut-Ladebäume und zwei Bäume für Heavy Lifts. Die Schwergutbäume sind an modernen Zweibeinmasten getakelt, die wartungsintensive Wanten verzichtbar machen.

Zwei aufgeladene MAK-Dieselmotoren mit je 1500 PS wirken über ein Getriebe auf die massive Propellerwelle und lassen das Schiff bei voller Kraft voraus 14,5 Knoten laufen. Die nautische Ausrüstung ist dem Standard von damals voraus: An Bord sind Kreiselkompaß und Autopilot, Radar, Funkpeiler, Echolot, Kurzwellen- und UKW-Funkanlage, obgleich dafür — mit Ausnahme für den Funkpeiler — noch keine Ausrüstungspflicht besteht. Die Besatzung zählt dreißig Köpfe.

Registriert ist „Erwin Schröder" als Shelterdecker: Hierbei sind einige Schiffsräume durch Vermessungsluken „offen" gestaltet und werden bei der Bestimmung des Rauminhaltes nicht mit aufgemessen. Das reduziert Hafen-, Kanal- und andere Schiffsgebühren. Vorteilhaft ist diese Vergrößerung des Frachtraums bei voluminöser Fracht mit geringer Dichte, beispielsweise bei Kaffee.

Beim open/closed Shelterdecker läßt sich durch Umstellen der Vermessungsschotte, Trimmlöcher usw. das leere Schiff wieder zum Volldecker umrüsten. Das ist bei spezifisch schwerer Last erforderlich. Die Lademarke wird dann umgemalt und ein neuer Vermessungsbrief ausgestellt — alles unter Aufsicht eines Versicherungsagenten. Hauptsächlich aus sicherheitstechnischen Gründen gibt es heute diese Wechselschiffe mit variablen Lademarken nicht mehr; die Tonnagemarke ist vielmehr unveränderbar.

Nach diesem technischen Ausflug zu unserer Reise nach Amerika:

Wir laden in Antwerpen noch zwei Tage lang, vor allem Profileisen, Drahtrollen und schwere Eisenplatten. Ein Supercargo, das ist ein Vertrauensmann der Reederei, überwacht den Ladebetrieb. Frühmorgens

Vor dem Atlantiktörn prüft der „Blitz" — so heißt der Bordelektriker — vorschriftsmäßig die Funktion der Rettungsbootmotore und schmiert die Aussetzvorrichtung.

zeichnet der Kapitän im Bord-Office die letzten Konnossemente, und der Supercargo geht von Bord.
Mit der ersten Flut laufen wir in dem gewundenen Fahrwasser der Westerschelde via Vlissingen in die Nordsee. Am gleichen Tag nehmen wir in Rotterdam noch etwas Stückgut mit, ehe die Decksleute die Luken endgültig verschalken und mit wasserdichten Persenningen seeklar machen. Die Ladebäume werden niedergelegt und alle Geitaue und Runner dichtgeholt.
Mittlerweile erhielt die Schiffsleitung einen neuen Fahrplan aus Hamburg, der uns zuerst nach Le Havre dirigiert. Das bedeutet, daß die Route nicht durch die Nordsee in den Atlantik führt — wie auf den vorherigen Reisen — sondern durch den Kanal.
In Le Havre werden wir an einem halben Tag abgefertigt, und wir laufen fast gleichzeitig mit der „Nieuw Amsterdam", dem bekannten Zwei-Schornsteiner der Holland-Amerika-Linie, aus. Kurz einige Worte zur Stadt: Le Havre war die im Krieg am meisten zerstörte Hafenstadt Europas. Sie wurde im wortgenauen Sinne nicht wiederaufgebaut, sondern völlig neu strukturiert und galt dann als Vorbild für die französische

Der Meßboy und zwei Matrosen aus der Karibik bei der Arbeit an Deck. Gute Seeleute waren gesucht, und für Lateinamerikaner war die Heuer auf einem deutschen Frachter ein begehrter Job.

Städtebaukunst nach dem Krieg. Die großzügige Infrastruktur und einzelne Bauten beeindrucken fraglos; das Flair einer gewachsenen Stadt mit Vergangenheit läßt Le Havre aber zwangsläufig missen.

Der Kanal empfängt uns zunächst freundlich und mit fast spiegelglatter See. Rund 3000 Seemeilen bis Neufundland liegen vor uns. Ich gehe die 0—4 Uhr-Wache mit dem dritten Ingenieur. Der Zweite und der Schmierer aus meiner Kammer haben die 4—8 Uhr-Wache. Der Chief, das ist der leitende Ingenieur, geht die 8—12 Uhr-Wache mit einem zweiten Schmierer. Die Crew nennt den Chief nur „Don Piss", weil er heimlich immer über die Reling pinkelt.

„Erwin Schröder" ist also ein Drei-Wachen-Schiff, das bedeutet jeweils vier Stunden Dienst und hernach acht Stunden Freiwache. Überstunden sind zwar immer wieder geboten, beispielsweise bei größeren Überholungsarbeiten; gleichwohl ist viel mehr freie Zeit verfügbar als auf einem Kümo mit Zwei-Wachen-System.

Zwei Tage lang liege ich indessen jede Freiwache in der Koje, weil eine

lange Atlantikdünung von dwars unser Schiff stark ins Rollen bringt — und meinen Magen mit. Der „Morbus marinus“ plagt mich heftig, und Neptun dankt mein regelmäßiges Opfer nicht. Dazu noch die Arbeit inmitten von Lärm und Gasölgeruch. In dieser Zeit hätte ich alles hergegeben, um wieder Muttererde unter den Füßen zu haben. In der Messe legt der Steward nasse Tischtücher auf und klappt die Schlingerleisten hoch. Wie ein Artist balanciert er die halbgefüllten Suppenteller, damit nichts überschwappt. Ich zwinge mich zum Essen.
Das Schiff arbeitet stark und schöpft regelmäßig grünes Wasser, das durch die Speigatten gurgelt. Die Crew benutzt nur noch die Innengänge.
Durch die schwere Eisenfracht in den unteren Luken verhält sich „Erwin Schröder“ im Seegang ziemlich steif und zittert bei jedem Seeschlag in allen Verbänden. Im Gegensatz zu einem ranken Schiff ist ein steifer Rumpf zwar sehr stabil, aber er rollt im Seegang viel stärker. Beladene Bulkfrachter und Tanker sind ausgesprochen steife Schiffe, während alle Kriegsschiffe und Passagierschiffe — bedingt durch den höheren Schwerpunkt — ranke Eigenschaften haben.
Um unser Schiff weniger steif zu machen, läßt der Leitende die Seitentanks fluten, um das tiefliegende Gewicht etwas auszugleichen. Das geht zwar auf Kosten der Stabilität, aber das Schiff liegt etwas ruhiger und reitet die langen Wellen weicher ab. Wir legen uns in der Dünung zwar immer noch bis zu zwanzig Grad über, aber es geht mir merklich besser. Gewöhnung?
Als wir den 38. Längengrad hinter uns haben, läßt der Kapitän nachts plötzlich die Fahrtstufe drosseln — erst auf halbe, später auf langsame Fahrt. Das vertraute Zittern der Maschine — der Pulsschlag des Schiffes — verebbt und ruft unwillkürlich ein leichtes Unbehagen hervor.
Was für einen Grund mag es geben, mitten auf dem Atlantik mit nur 40 Schraubenumdrehungen zu laufen? Die Ursache dafür ist Gesprächsthema beim Frühstück in der Messe. Ein Hurrikan, der sich dem amerikanischen Festland näherte, ist vor der Küste nach Nordost zurückgeschwenkt und liegt seit dem Vortag mit etwa 20 Knoten Geschwindigkeit auf unserem Gegenkurs. Wie lange wird er die Richtung beibehalten?
Durch den Atlantik-Seewetterbericht und Orkan-Warndienst ist die Schiffsleitung seit Tagen über den Hurrikan „Caddy“ unterrichtet. Der Anfangsbuchstabe C weist darauf hin, daß es bereits der dritte Wirbel-

sturm in diesem Jahr ist. Jedes Jahr stehen für Wirbelstürme im Nordatlantik 21 Vornamen alphabetisch geordnet zur Verfügung.

Die größte Sturmgefahr im Nordatlantik besteht in den späten Sommermonaten. Meistens entstehen diese nordatlantischen Wirbelstürme weit vor der westafrikanischen Küste, ziehen dann mehr oder weniger ausholend in Form einer Parabel über den Atlantik, wobei es zu Verheerungen in den USA kommen kann, wenn der Scheitelpunkt die Küste streift. Die Zugrichtung des „polaren Astes" tendiert stets zum Pol, ist aber nicht näher prognostizierbar.

Je nach der Entfernung vom Zentrum stellt sich für den Kapitän eines gefährdeten Schiffes die Frage, ob er einen ausweichenden Kurs steuern oder langsam fahren soll in der Erwartung, daß der Hurrikan seine Zugbahn ändert. Wir sind noch einige hundert Seemeilen vom Zentrum entfernt, weshalb wir langsam auf dem alten Kurs weiterlaufen.
Von anderen Schiffen werden derweil „Seeobse" — das sind Wetterbeobachtungen — empfangen und in die Karte eingetragen. Alle im Gefahrengebiet eines Wirbelsturms befindlichen Schiffe sind aufgefordert, stündlich oder dreistündlich solche Observationsmeldungen per Funk abzugeben. Unser Radargerät dagegen ist wegen der geringen Reichweite kein Hilfsmitteln, um den Weg des Wirbelsturmes zu peilen.
In der Maschine bekommen wir das Geschehen nur am Rande mit. Als nach einem halben Tag Schleichfahrt der Maschinentelegraph wieder das Kommando „voll voraus" signalisiert, wissen wir jedenfalls, daß der Wirbelsturm abgeschwenkt ist und die Peilung nicht mehr steht. Um so mehr werden wir von der Dünung gebeutelt, die jetzt von vorne kommt.
Am siebten Tag sichten wir die dunkle Gebirgskulisse von Neufundland und laufen in die Belle-Isle-Street ein. Kanadas endlose Wälder mit weit auseinanderliegenden Orten ziehen an uns vorbei. Der lange Trichter des gut befeuerten St.-Lorenz-Stromes verjüngt sich erst bei Quebec zu einem Fluß, der dort immer noch über einen Kilometer breit ist. In dichtem Schiffsverkehr erreichen wir nach etwa 150 Seemeilen auf dem großen Strom unseren ersten Löschhafen Montreal.
Die Silhouette der Stadt mit der mächtigen Jacques-Cartier-Brücke und den Hochhäusern erinnert an die großen Metropolen in den Vereinigten Staaten. Das täuscht darüber hinweg, daß Montreal stark französisch geprägt ist: Zwei Drittel der fast 2,5 Millionen Einwohner sprechen französisch, und sie wohnen nach Paris in der „zweitgrößten französischen Stadt der Welt".

Ein Blick auf den St. Lorenz und die Küste von Neufundland. Von der Schornsteintür aus — Assis einzigem Ausguck — aufgenommen.

Es ist keine hektische Stadt, die auf einer Insel mit Hügeln und zahlreichen Parkanlagen liegt. Und man gibt sich traditionsbewußt: Im alten Fort St. Hélène, das einst den Hafen bewachte, wird die Wachablösung in den Waffenröcken der Kolonialzeit exerziert — mit Dreispitz, Bajonett und Degen, während am Flaggenmast des Blockhauses der Union Jack weht. Ein Zeremoniell für die einheimischen Touristen, von europäischen Besuchern als Kult etwas belächelt.
Bis nach Montreal, das fast 900 Seemeilen vom offenen Atlantik entfernt ist, fahren die großen Passagierdampfer aus England, hauptsächlich der Cunard-Line mit den legendären rot-schwarzen Schornsteinfarben. Häufiger Gast an der King-Edward-Pier — hier heißen die Häfen nicht mehr Docks — ist ferner die „Empress of Canada". Sie trägt die gleiche Schornsteinkennung wie wir, nämlich die der kanadischen Eisenbahn.
Ab Montreal ist der Fluß reguliert. Eine Milliarde Dollar investierten Ende der 50er Jahre die USA und Kanada in den St.-Lorenz-Waterway, die 2800 km lange Großschiffahrtsstraße, die in die Großen Seen und zu den US-amerikanischen Binnenhäfen führt. Die Seeschiffe müssen dabei

14 Schleusen bewältigen. Spektakulärster Bauabschnitt war die Erweiterung des Welland-Kanales, der die Niagara-Fälle umgeht.
Nach dem Löschen unserer Kollis laufen wir in diese Seewasserstraße ein, die uns zunächst in den Ontario-See bringt. Vorher schippern wir durch Thousand Island, ein mit kleinen Inseln übersätes Revier, vergleichbar dem schwedischen Schärengarten. Überall hölzerne Ferienhäuser, Segelyachten und Motorboote, die den hohen Lebensstandard der Kanadier dokumentieren. Gelegentlich mischt sich ein altertümliches Riverboot, das aus Mark Twains Epoche stammen könnte, darunter. Dieses Ferienparadies liegt am Eingang zum Ontario-See, in dessen Nordwestecke unser nächster Hafen, Toronto, liegt.
Toronto ist amerikanischer als Montreal, it's more busy. Man fährt mit dem Schiff direkt vor die Stadt. Der Hafen liegt geschützt in einer Lagune mit zwei schmalen Einfahrten. Auf der Nehrung — Toronto Island — liegt ein Sportflugplatz, und die landenden Maschinen berühren fast die Mastspitzen der auslaufenden Schiffe.
Attraktiv ist die Stadt nicht, nur sehr windig. Ich besichtige im Hafen den ausgedienten Weltkriegs-Zerstörer „Haida" — ein geschichtliches Monument für die Kanadier, so wie das alte Fort in Montreal, sagt man mir an der Kasse. Stolz auf den sauber gemalten Veteranen ist meines Erachtens eher der Royal Canadian Yacht Club, der an der gleichen Pier liegt. Denn sicher gibt es keinen zweiten Yachtklub auf der Welt mit einem vergleichbaren Aushängeschild.
Zügig erledigen wir unsere Löscharbeiten, dann verholen wir nach Hamilton, einem tristen Industriehafen, der an Mittelengland erinnert. Wir löschen unsere Restladung und versegeln nach St. Catherines, dem letzten Hafen vor dem Erie-See. Die Niagara-Wasserfälle sind keine halbe Autostunde entfernt. Selbstredend, daß die Freiwache ein Auto mietet und das überwältigende Naturschauspiel anguckt.
Wir liegen fast zwei Tage in St. Catherines und nutzen die Zeit, um einen Kolben zu ziehen. Bei dieser Gelegenheit werden gleich auch die Ventile überholt. Mittlerweile laden wir Coils, das sind schwere Stahlblechrollen. Dann treten wir die Rückreise an.
Selten geht der transatlantische Schiffsverkehr über den Erie-See hinaus. Für die Verschiffung von Gütern in die großen US-Häfen Detroit, Milwaukee, Duluth und Chicago ist vielmehr eine Flotte von Binnenschiffen im Einsatz, deren auffälligste Erscheinung die sogenannten „Laker" sind: Diese bis zu 200 m langen und an die 10 000 BRT messen-

den Spezialschiffe sind ganz auf den Einsatz in den Großen Seen zugeschnitten.
Das Maschinenhaus befindet sich wie bei einem klassischen Tanker achtern, während das Steuerhaus ganz vorne auf der Back steht. Das gewährleistet der Brückenwache eine gute Sicht voraus. Dazwischen befinden sich bis zu 18 Luken ohne Lademasten und sonstige Aufbauten. Für die Lichterführung befindet sich vorne und achtern je ein Pfahlmast. Rund 300 (!) Schallzeichen sind bekannt, mit denen sich die Laker untereinander und mit den Schleusen verständigen.

Die Laker – es sind vorwiegend Turbinenschiffe – laufen bis zu 16 Knoten. Sie haben als Bulkfrachter für die Verschiffung von Getreide und Erz eine wichtige Bedeutung für die großen Mühlen und Stahlkocher in den ostamerikanischen Industrierevieren. Aufgrund des Eisganges in den Monaten Dezember bis März sind die Laker aber nur rund acht Monate im Jahr im Dienst.

Von den Dimensionen sind diese auffälligen Schiffe beeindruckend wie Supertanker, aber sie würden auf dem Atlantik glatt auseinanderbrechen. Auf den Großen Seen – in den größten hätte die halbe Bundesrepublik Platz – kann freilich auch sehr stürmisches Wetter herrschen. Es fehlt aber die lange Anlaufstrecke für den Wind wie auf dem Atlantik. Folglich bilden sich keine derart hohen Windseen, die den langen Laker-Rümpfen durch extreme Biegemomente gefährlich werden können.
Umgekehrt darf nicht jedes Seeschiff in der Große-Seen-Fahrt laufen. Die Amerikaner machen das von speziellen Sicherheitsrichtlinien abhängig. Die Gründe sind einleuchtend: der dichte Schiffsverkehr auf dem St. Lorenz, das enge Fahrwasser in den Kanalstrecken und den Schleusen, der häufige Nebel und der frühe Winter mit starkem Eisgang. Generell wird ein Schiff in der Große-Seen-Fahrt viel mehr strapaziert als im transozeanischen Verkehr mit langen Seetörns, auf denen die Laderäume und das Ladegeschirr überhaupt nicht beansprucht werden und die Maschine tagelang unverdrossen voll voraus läuft.
Unser Schiff war für die Großen Seen nicht nur zugelassen, es war für dieses Revier wie geschaffen. Die beiden Maschinen machten es sehr wendig, die langen Ladebäume waren vorteilhaft und – der besseren Sicht wegen – auch die mittschiffs stehende Brücke.
Wir sind wieder im Welland-Kanal, in dessen Schleusen hunderte von Schiffen ihren Namen hinterlassen haben, aufgemalt von Matrosen, die ihre Pinsel an den Kammerwänden ausdrückten. Unser letzter Hafen ist

Ein Plausch mit dem Dritten aus der Maschine und dem Chief war gelegentlich ganz nützlich. Denn bei guter Laune hieß es weniger oft „törn tu, Assi".

Quebec, dort erwartet uns noch Rückladung: Weizen für die Luken zwei und drei sowie Ballen mit hochwertigem Spezialpapier. Der Ladungsoffizier achtet peinlich darauf, daß die Stauer für die Papierballen keine Handhaken benutzen, daß die Schweißlatten an den Bordwänden in Ordnung sind und daß die Luke frei von Ölresten und anderem Schmutz ist.

Indessen zerlegt die Maschinenwache einen Hilfsdiesel und überholt das Triebwerk und die Zylinderdeckel. Die Ventile werden in die Sitze eingeläppt. Das bedeutet etliche Überstunden.

Aber wir haben Zeit: Der Ladebetrieb wird immer wieder durch Regen unterbrochen, und der Kapitän läßt aus Persenning ein Lukenzelt aufspannen, damit es nicht in die Laderäume regnet.

Beim Lukenzelt wird der Kausch in der Spitze des Zeltes in den Ladehaken eines Baumes eingepickt und das Ganze hochgehievt. Die Tauwerksenden der unteren Zeltkanten sind am Lukensüll befestigt. Bei schnell schließenden Lukenabdeckungen, z. B. den heute üblichen McGregor-Luken, sind solche Regenzelte nicht mehr erforderlich.

Wir liegen fast drei Tage im Bassin Louise von Quebec. Ich nutze die knapp bemessene Freiwache, um mich in dieser durch und durch französischen Stadt umzusehen. Am Fuß der steilen Uferböschung liegt die verwinkelte Altstadt, deren enge Straßen meist nach Heiligen benannt sind. Hier folgte die katholische Kirche — die Jesuiten voran — den französischen Kolonisten auf den Fuß.
Überragt wird das alte Quebec von dem massigen Bau des Chateau Frontenac, benannt nach einem französischen Gouverneur des 17. Jahrhunderts. Über eine breite Promenade mit weiter Aussicht über den St.-Lorenz-Strom kommt man zu der Zitadelle, deren Wälle mit alten Kanonen gespickt sind.
Quebec ist die einzige befestigte Stadt Amerikas. Kanonen, Kirchen, Klöster, Denkmäler und Paläste — überall atmet Quebec die junge, aber wechselvolle Geschichte Kanadas. Die Stadt am großen Fluß hat mehr Flair als alle zuvor besuchten Häfen zusammen. Die Altstadt und das Schloß auf der Höhe haben verwandte Züge mit — Heidelberg! Es fehlen freilich die alte Brücke und, ausgerechnet hier, die Wälder . . .
Mit dieser schönen Erinnerung fällt es mir leichter, wieder in den Maschinenschaft zu klettern und die Kompressoren für die Druckluft anzuschmeißen. Es soll heute abend noch rausgehen. Routinemäßig inspiziert derweil der Elektriker die Rettungsboote und läßt deren Motore kurz probelaufen.
Nach Übernahme von Proviant und Store verlassen wir den St. Lorenz in der zweiten September-Hälfte. Der goldene Indianersommer begleitet uns bis in die Belle Isle Street, wo — im Frühjahr zwar — hunderttausende von Robben ihre Jungen zur Welt bringen. Und viele von Robbenschlägern brutal erschlagen werden.
Kaum sind wir von der Küste abgelaufen, da sichtet der Wachmatrose an der Kimm einen Eisberg. Das ist kein Grund zu besonderer Vorsicht, denn solche Growler — das sind weitgehend abgeschmolzene Eisberge — kommen vor der kanadischen Küste im Spätsommer sehr selten vor.

Die Eisberg-Zeit beginnt im Frühjahr, wenn die polaren Gletscher kalben und riesige Eismassen südwärts schicken. Der Labradorstrom treibt sie der Küste Neufundlands entlang, gelegentlich durch die Belle Isle Street in den St.-Lorenz-Golf und durch die Cabot-Straße wieder in den Atlantik. Häufig stranden sie auf den Neufundland-Bänken. Oder der warme Golfstrom taut sie rasch ab.

Mit Eis kommt die Schiffahrt zu den Großen Seen bisweilen durch ganz andere Umstände in Bedrängnis: wenn der Winter unerwartet früh einbricht und der Welland-Kanal zufriert. Der St.-Lorenz-Seeweg ist dann monatelang gesperrt, und jedes Jahr liegen auch einige Seeschiffe zwischen Montreal und den Großen Seen fest. Eine teure Angelegenheit für die Reederei, auf deren Kosten der größte Teil der Schiffsbesatzung dann nach Hause fliegt. Denn vor dem März besteht keine Aussicht, wieder loszukommen. Wer im November noch in den Großen Seen liegt, muß mit diesem unfreiwilligen Aufenthalt rechnen.

Für die Rückreise wählen wir erneut den südlichen Dampfertrack, weil uns die Reederei zuerst nach Southampton beordert hat, dann nach Bremen. Oben — um Schottland herum — ist sonst die bevorzugte Route wegen dem schiebenden Golfstrom und der Westwinddrift von achtern. Die Luft ist noch relativ warm und läßt über dem kalten Wasser den typischen Neufundlandnebel entstehen. Er ist zeitweise so dicht, daß der Kapitän die Fahrtstufe drosseln läßt.

Die Reise verläuft ohne nennenswerte Ereignisse — bis auf eine Neuigkeit, die am Tag nach der Ausreise kursiert: Wir haben einen Stowaway — einen blinden Passagier — an Bord. Er war von einem DDR-Frachter getürmt und suchte flugs das nächste bundesdeutsche Schiff auf. Wie es heißt, ist er schon seit Montreal, unserem ersten Löschhafen, an Bord.

Der Kapitän wies dem „Blinden" eine Reservekammer an und riet ihm, nur wenig an Deck zu kommen. Je weniger Leute bis zur Abreise davon wissen, desto besser: Die kanadischen Behörden sollen davon nichts erfahren, sonst sei mit einer Fülle an bürokratischen Maßnahmen zu rechnen, und er könne möglicherweise gar nicht so einfach mit unserem Schiff von Hafen zu Hafen weitertrampen. Jetzt ist er in die Deckscrew eingegliedert.

Bei meist sonnigem Wetter und schwacher Dünung ist die Atlantiküberquerung geradezu ein gemütliches Schippern — gerade richtig, um von der Südküste Cornwalls ein paar Eindrücke zu erhaschen. Als die Isles of Scilly unter einer silbrigen Wolkenbank als dunkler Strich vorbeiziehen, schleiche ich während der Wache immer wieder über die Eisenleiter in den Schornstein hoch, um von diesem Ausguckposten auch die schwarzen Klippen von Lizard Point zu erspähen. Der Zwangsweg führt nur vier Seemeilen südlich von diesem Ansteuerungspunkt für heimkehrende Schiffe vorbei.

Nach 150 Seemeilen dampfen wir in den Needles Channel, die enge Passage zwischen Festland und den weißen, steil aufragenden Klippen der

Isle of Wight. Inmitten der Bänke und überspülten Felsen steht kühn der weiße Leuchtturm Outer Needles Rock. Die Passage erweitert sich zum Solent, und die Buchten sind auf einmal lieblich und voller Anmut. Die Schiffahrt verdichtet sich und verrät die Nähe der riesigen Docks von Southampton und Portsmouth.
Die Decksleute machen derweil die Luken löschklar — umsonst, denn die Kranführer streiken, so der Lotse. Wenige Stunden später sind wir fest. Mit eigenem Geschirr zu löschen nützt wenig, denn auch die Tallyleute und Lkw-Fahrer sind im Ausstand. Wie lange, weiß niemand.
Also flugs Vorschuß holen beim Funker, runter vom Schipp und ab in die Stadt. „Nö", meint dazu der Dritte und ist so nett, erst jetzt zu sagen, daß der Chief für Southampton das Ziehen von zwei Kolben anberaumt hat, die turnusmäßig fällig sind. So was läßt ein Assi-Herz natürlich immer höher schlagen . . .
Hat ein Kolben 2000 — 4000 Betriebsstunden auf dem Buckel, dann ist er zur Inspektion und Überholung reif. So wollen es die Betriebsvorschriften des Herstellers.

Beim Bemessen der Intervalle spielt der gefahrene Brennstoff eine Rolle: Bei billigem Schweröl bilden sich eher Ablagerungen im Brennraum und an den Kolbenwänden als bei dem leichteren Marine-Dieselöl.

Unsere 4-Takt-Motoren schlucken Gasöl, ein Destillat, das noch leichter ist als Marine-Dieselöl und wenig zu Verkokung neigt. Wir können die Überholungsintervalle also etwas großzügig handhaben.
Kolbenziehen heißt Knochenarbeit: Erst wird das Kühlwasser abgelassen, dann werden sämtliche Anschlußleitungen und Ventile des jeweiligen Zylinders abgetakelt: Ein- und Auslaßventil, Einspritzventil, Anlaß- und Sicherheitsventil. Dann kommt mit dem Flaschenzug der mehrere Zentner schwere Zylinderdeckel herunter, dann der Kolben mitsamt Pleuel raus. Zuvor sind der Kurbeltrieb zu öffnen und das Pleuellager zu lösen.
Jetzt geht die Überholung erst los: Kolbenringe abnehmen und Ringnuten reinigen, Freß- und Tragstellen am Kolben und in der Laufbuchse leicht schmirgeln, Bohrung auf Rundlauf und Atmung der Kurbelschenkel messen und so weiter. Dazwischen wieder Teile auswaschen und putzen, wobei selbst hier Kleinigkeiten wichtig sind: Beim Reinigen im Triebwerk nie Twist — so heißt an Bord die Putzwolle — verwenden, sondern nur Lappen, die nicht fasern. Dann Schleifen der Ventile in den Sitz ...

Ist der Kolben endlich klar, stimmen Sitz und Spiel der Ringe, geht die Montageplackerei erneut los. Das alles findet vorzugsweise im Hafen statt, im Notfall auch auf hoher See.
„Erwin Schröder“ mit seinen beiden Maschinen kann das Kolbenziehen jederzeit auch während der Reise exerzieren. Die Maschinen übertragen ihr Antriebsmoment zwar auf eine Welle, dazwischen befindet sich aber ein Flüssigkeitsgetriebe, welches das Abstellen eines Aggregates während der Fahrt möglich macht.
Muß der Fahrplan nicht exakt eingehalten werden, kommt bei ruhigem Wetter ein Kolbenziehen auf See durchaus mal vor. Das Schiff läuft mit der einen Maschine dann immer noch an die zehn Knoten. Dazu trägt der gute Wirkungsgrad der langsam drehenden Schraube bei, die über ein zusätzliches Zahnradgetriebe auf nur etwa 100 Umdrehungen in der Minute untersetzt ist.
Nicht selten wurde im Hafen und bei Revierfahrt nur mit einer Maschine gefahren. Die andere stand derweil auf „Achtung“ und konnte jederzeit auf Rückwärtsfahrt angeblasen werden. Der Vorteil: Das Schiff konnte extrem langsam voraus manövrieren und schnell umgesteuert werden. Das hat sich beispielsweise bei der Kanalfahrt zu den Großen Seen sehr bewährt.
Kehren wir noch schnell nach Southampton zurück, ehe die Reise zu Ende ist. Wir liegen im bedeutendsten Einschiffungshafen von Britannien nach Amerika. Soll ich die wenigen Stunden Freizeit nutzen, die „Queen Elizabeth“ aufzusuchen, die gerade eingedockt hat, oder die Stadt vorziehen? Meine Stimmung ist augenblicklich alles andere als schiffig, und ich nehme ein Taxi „to the City“.
Modernität und Geschichte leben hier einträchtig beisammen. Tudor-Häuser und Stadttore im normannischen Stil neben neuzeitlichen Fassaden, sächsische Verteidigungswälle und das Mayflower-Denkmal zum Gedenken an die Pilgerväter. Die Zeit drängt, denn laut Tafel am Fallreep ist schon um 13 Uhr Auslauftermin. Die Docker sind nämlich überraschend mit der Frühschicht wieder zur Arbeit erschienen. Tatsächlich, um 14 Uhr gehen wir ab.
Auslaufend Southampton, gelangt man in den Spithead, wo graue Schlachtschiffe und Flugzeugträger der britischen Marine auf Reede ankern. Mitten in der Bucht liegt Nab Tower, ein wuchtiger Betonturm mit weittragendem Feuer.
Der Spithead war in früheren Zeiten Sammelpunkt für Kreuzfahrer,

Handels- und Kriegsflotten. Namen wie Heinrich XIII., Raleigh, Drake und Nelson sind unabdingbar mit diesem Revier verknüpft. Ich habe indessen einen weniger berühmten Kopf im Sinn — den vierten der Backbordmaschine, weil hier noch die Versorgungsleitungen anzuschließen sind. Derweil marschieren wir nur mit der Steuerbordmaschine. Also Kesselpäckchen überziehen, Handschuhe an und runter ins Maschinenloch. Irgendwie freue ich mich aufs Wintersemester, das in zehn Tagen beginnt. Welch seltsame Metamorphose der Mensch durcheilt: Ich bin doch früher nie gerne zur Schule gegangen . . .

In die tonnenschweren Zylinderdeckel des Zweitakt-Schiffsdiesels sind die wassergekühlten Einspritzdüsen für das Schweröl eingesetzt. Jeder Zylinder hat seine eigene Brennstoffpumpe.

„Törn tu, Assi"

Das Assistentenleben — ob erträglich oder ob zum Davonlaufen im nächsten Hafen — hängt mithin vom Verhältnis zum Vorgesetzten ab. Dazu muß man wissen: Auf großer Fahrt ist das Dreiwachen-System üblich; das bedeutet theoretisch, wie schon erwähnt, vier Stunden Dienst und acht Stunden Freiwache.

In der Praxis ist der Assi aber oft länger in der Maschine: Ohne besonderen Anlaß kann sein Wachingenieur, natürlich auch der Chief, den Assistenten bis zu zwei Stunden pro Wache länger beschäftigen. Das ist — ganz ohne böse Absicht — oft auf tagelangen Seetörns üblich, die ohnehin wenig Abwechslung an Bord bringen und gerne zur Überholung von Hilfsmaschinen genutzt werden.

Hauptsächlich auf der Heimreise werden diese unbezahlten Überstunden vielfach angesetzt, denn nach längerer Abwesenheit kommt im Heimathafen stets die Maschineninspektion der Reederei an Bord und schaut kritisch in alle Winkel des Maschinenlabyrinthes.

Jede Maschinenwache hat ihre „Station", das heißt einen bestimmten Teil des Maschinenraumes, den sie besonders pflegen und sauberhalten muß. Auf der Heimreise werden dort alle Messingarmaturen und Kupferrohrleitungen blitzblank geputzt und die Gratingsgeländer naß mit Gasöl oder Petroleum geschmirgelt. Überall wird „Farbe gewaschen" mit flüssiger Schmierseife, und die Stopfbuchsen der Absperrschieber werden neu gefettet. Dann heißt es häufiger als sonst „törn tu, Assi", und mancher Wachingenieur striezt seinen Helfer dabei etwas mehr als notwendig.

Dieses Zutörnen wird nicht separat vergütet. Es ist vielmehr Bestandteil des Heuervertrages, daß ein Ingenieur-Assistent bei Bedarf Überstunden leisten muß, ja grundsätzlich immer im Dienst zu sein hat, wenn die Schiffssicherheit es erfordert. Diese Bestimmung läßt sich freilich breit interpretieren. Der Assi strebt nach Offiziersehren, ergo muß er dafür eben Opfer bringen. Die Schmierer und Reiniger müssen bei Bedarf zwar ebenfalls Überstunden absolvieren — sie bekommen diese aber bezahlt.

Freilich hängt es auch von der Reederei ab, wieweit Perfektion bei der Maschinenwartung geübt wird. Renommier-Reedereien, wie man beispielsweise die HAPAG, den Norddeutschen Lloyd, die Hansa und Hamburg-Süd gerne nannte, waren bei den weniger ehrgeizigen Assis gar nicht beliebt: Auf deren Schiffen wurden die Seewachen oft grundsätzlich auf sechs Stunden ausgedehnt und die Station selbst im letzten Buschhafen geputzt, als käme morgen die Inspektion an Bord — sofern das Schiff nicht unter einer Schattenflagge fuhr und nur selten die Heimatwerft sah.

Ferner galt bei den genannten Reedereien auch für die Assistenten — die ihre Mahlzeiten in der Offiziersmesse zu sich nahmen — der Uniformzwang. Dieser Maskenball vor jeder Mahlzeit verkürzte die Freiwache obendrein. Dafür war das Uniformgeld, welches die Reederei bezahlte, nur ein bescheidenes Trostpflaster.

Wie lief nun die reguläre Wache des Maschinenassistenten ab? Etwa zehn Minuten vor Wachbeginn kommt der Ablöser in die Maschine, um die Wache abzunehmen. Er peilt zuerst die Treiböl-Tagestanks und die Ausgleichsbehälter für das Kühlwasser der Diesel, liest die Manometer der Winddruckkessel für das Frischwasser und Seewasser ab, prüft den Druck der Preßluftflaschen und checkt die Funktion der Proviantkühlanlage. Dann prüft er achtern durchs „Judenloch" die Bilge, lenzt das Lecktreiböl, schaut nach den Separatoren und füllt eventuell etwas Wasser nach. Dann sind alle in Betrieb befindlichen Pumpen abzufühlen, ob sie auch Wasser ziehen und nicht Luft.

Die Pumpenlager dürfen nicht zu warm sein. Beim Abfühlen der Kraftstoffleitungen verraten die periodischen Druckimpulse, daß auch Brennstoff eingespritzt wird.

Das besondere Augenmerk gilt der Hauptmaschine. Durch Schaugläser beobachtet der Assi kurz, ob das Frisch- und Seewasser für die Kühlung zirkuliert.

Dann sind am Fahrstand die Manometer abzulesen — für den Schmieröldruck, das Frisch- und Seewasser, die Ladeluft, die Umsteuer- und Anfahrluft.

Zu kontrollieren sind ferner die Schmieröl- und die Kühlwassertempera-

tur; der Kühlwasserdurchlauf ist hin und wieder zu justieren — ganz vorsichtig, um die Zylinderwände nicht abzuschrecken. Ob auch alle Zylinder arbeiten, wird mit der Hand gefühlt.
Schließlich ist noch die Kurbel des Schmierölapparates für die Laufbuch-

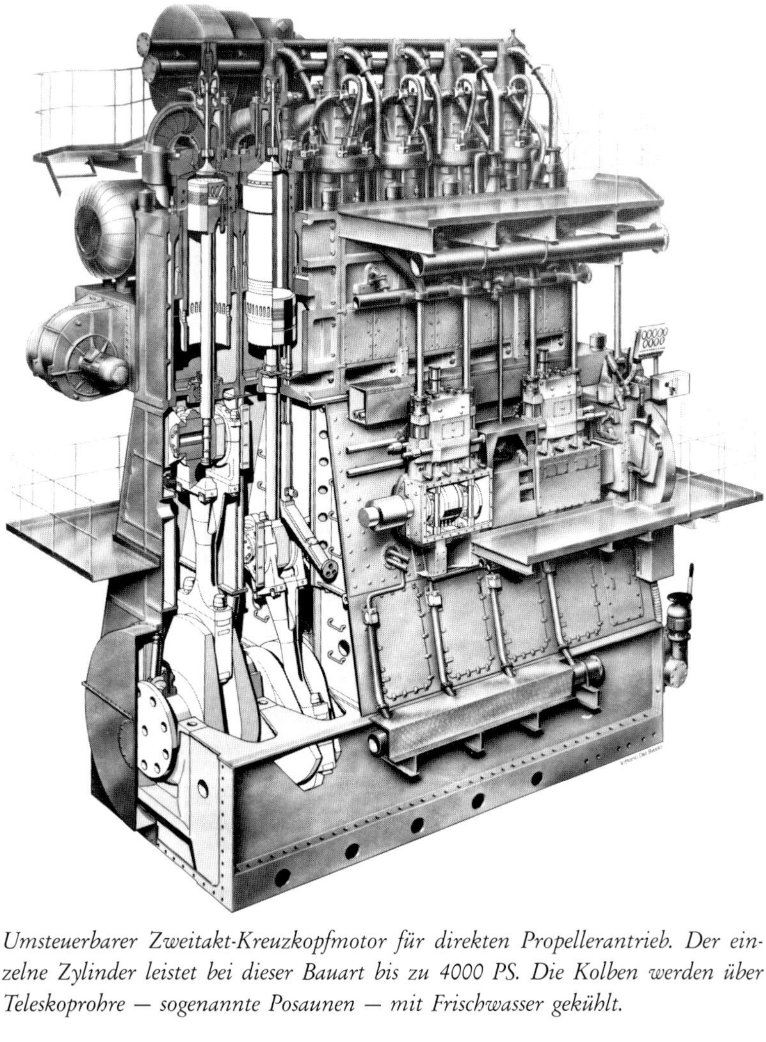

Umsteuerbarer Zweitakt-Kreuzkopfmotor für direkten Propellerantrieb. Der einzelne Zylinder leistet bei dieser Bauart bis zu 4000 PS. Die Kolben werden über Teleskoprohre — sogenannte Posaunen — mit Frischwasser gekühlt.

sen mehrmals durchzudrehen, dann — ja dann geht's weiter mit dem Turbolader, dem Getriebe, dem Wellengenerator und dem Wellentunnel. An gut hundert Meßorten Drücke und Temperaturen ablesen, durch Schaugläser den Durchfluß peilen, und immer wieder Lager, Kipphebel und Stopfbuchsen auf Erwärmung abtasten. Vieles wird notiert und später ins Maschinenjournal eingetragen.
Das Temperaturfühlen mit der Hand ist fast schon zum Reflex geworden; schließlich geschieht es auf jeder Wache mehrere hundertmal, und kein Maschinist verläßt sich auf Thermometeranzeigen allein.
Die meisten dieser Inspektionen führt der Assi schon beim ersten Rundgang durch — vor der Ablösung, wenn er die drei oder vier Etagen des Maschinenschachtes herabsteigt, um das lärmende Monstrum der Hauptmaschine herumgeht und auch in den Wellentunnel guckt. Ist alles klar — oder sind zünftig ausgedrückt „Kessel leer und Bilge voll" —, dann beginnt erst die eigentliche Wache.
Mithin die wichtigsten Aufgaben für den Assi auf Wache nennt der Schmierplan für die Hauptmaschine: alle zwei Stunden die Ein- und Auslaßventile abschmieren, danach die Ventilspindeln mit einem Vierkantschlüssel drehen, um dem Festbacken vorzubeugen — dann die Dochtöler auf den Ventilstößeln und den Schmierölapparat sowie eine ganze Reihe an Schmierköpfen und sonstige Schmierlöcher auffüllen.
Dazu kommt die stetige Überwachung der Hilfsdiesel und all der anderen Hilfsmaschinen wie Kompressoren für die Druckluft, die Pumpen und Generatoren, die Rudermaschine und die Kühlmaschine, die Schmieröl- und Treibölseparatoren.

Die Separatoren zentrifugieren den Brennstoff und das Schmieröl, um Verunreinigungen zu entfernen. Für den Brennstoff befinden sich die Separatoren zwischen Bunker und Tagestank.

Schmieren, inspizieren, schmieren. Hilfsmaschinen anwerfen, überwachen, stillsetzen und ... wiederum schmieren. Die Ölkanne und die Taschenlampe sind die wichtigsten Begleiter des Maschinenassistenten. Ganz zu schweigen vom Verbrauch an Lappen und Putzwolle, die gleich tonnenweise an Bord sind.
Um Irrtümern vorzubeugen: Hilfsdiesel werden nicht einfach mit einer Schlüsseldrehung angelassen wie beim Lkw und auch nicht ebenso unkompliziert gestoppt. Selbst das Starten des kleinen Hafendiesels erfordert eine ganze Latte an Maßnahmen: Ventile für die Kühlung und

die Preßluft öffnen, mit der Handpumpe hinreichend Öldruck erzeugen, dann erst den Motor mit Luft anfahren, anschließend die Luftventile wieder schließen und den Alarmanzeiger für den Öldruck auf den Grenzwert rücken.

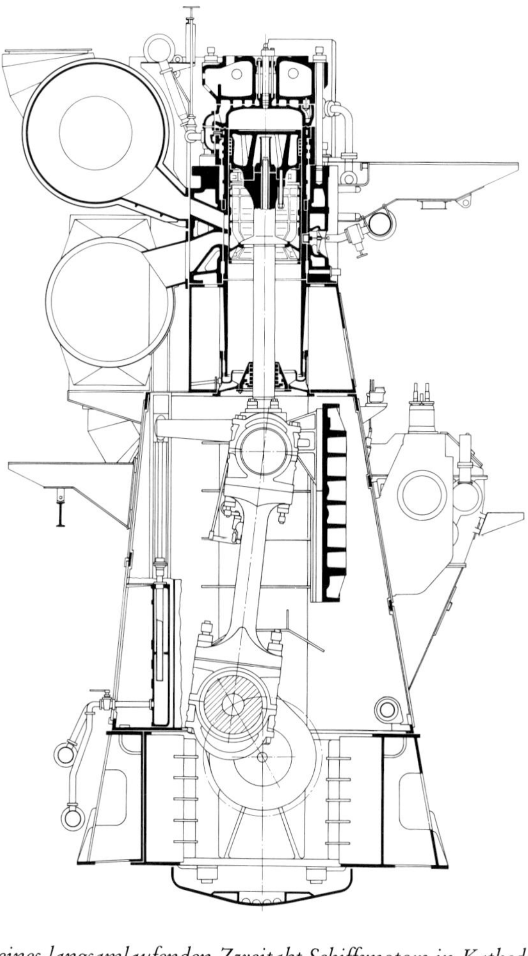

Querschnitt eines langsamlaufenden Zweitakt-Schiffsmotors in Kathedral-Bauweise. Drehzahl: 106 U/min. Diese Maschinen haben die doppelte Leistung wie Viertakt-Motoren gleicher Abmessungen und Drehzahl.

Starten kann der Diesel erst, wenn die Kurbelwelle in der Anfahrstellung steht, denn nur einige Zylinder werden mit Anfahrluft beaufschlagt. Das bedeutet beim Stillsetzen des Motors: einen langen Hebel zur Hand nehmen und das Schwungrad damit soweit drehen, bis die Startstellung erreicht ist.
Dann sind noch die Anfahrventile mit dem Schraubenzieher auf Gängigkeit zu prüfen und mit Caramba einzusprühen, damit sie nicht festbacken.

Wieviel aufwendiger ist erst das Hochfahren der Hauptmaschine — vor allem nach längeren Liegezeiten. Der Leser würde beim Aufzählen der Details ermüden. Beispielsweise werden große Schiffsmotoren, die billiges Schweröl verbrennen, mit Gasöl angefahren und erst im warmen Zustand auf den anderen Treibstoff umgestellt. Um das zähe Schweröl für die Einspritzung dünnflüssig zu machen, sind die Tanks, die Pumpen und auch die Treibstoffleitungen auf der ganzen Länge beheizt. Im warmen Zustand wird der Treibstoff außerdem in Separatoren gereinigt.
Vor dem Abstellen der Maschine und bei Manöverfahrt wird wieder auf Gasöl umgestellt. Bei Manövern ist ohnehin eine erhöhte Aufmerksamkeit geboten, denn dabei werden die Maschinen besonders hoch beansprucht. Zusätzlich ist jedes Manöver mit der Uhrzeit im Manöverbuch festzuhalten. In dieser Phase muß dann ein zweiter Assi oder Schmierer, der sonst seine freie Wache hat, in die Maschine steigen. Das macht die Sache ganz besonders reizvoll, wenn man einen interessanten Hafen anläuft, auf den man sich schon lange gefreut hat. Das Einlaufen in New York zum Beispiel oder Rio wird dann zu einem unvergeßlichen Erlebnis . . .
Zu jeder Wache gehören auch das stündliche Ablesen des Hubzählers und das Errechnen der Durchschnittsdrehzahlen einer Wachperiode.

Anhand der Hubzahlen der Maschine läßt sich der Slip der Schraube ermitteln, sofern der wirklich zurückgelegte Weg bekannt ist. Andererseits lassen diese Daten das grobe Abschätzen der zurückgelegten Fahrtstrecke zu, falls eine navigatorische Standortermittlung, zum Beispiel wegen schlechten Wetters, nicht möglich ist.

Alle diese — weit unvollständig aufgeführten — Tätigkeiten gehören zur Routine einer Wache. Periodisch fällige Überholungsarbeiten und außerplanmäßige Reparaturen füllen das Arbeitspensum auf. Das beginnt mit dem simplen Erneuern der Stopfbuchsenpackung einer Kreiselpumpe und gipfelt schlimmstenfalls im Kolbenziehen auf hoher See.
Um eventuelle Störungen im Verbrennungsablauf der Hauptmaschine rechtzeitig zu erkennen, werden zylinderweise die Kompressions- und

Zünddrücke indiziert — aber nicht etwa elektronisch, sondern mit dem mechanischen Federindikator. Handgezogene Strichdiagramme genügen für die kurzfristige Kontrolle. Und ist einem Hilfsdiesel nicht mehr ganz zu trauen, dann nimmt der Maschinist ein Stethoskop zur Hand und

Probelauf eines schweren Schiffsdiesels mit 32 000 PS Wellenleistung auf dem Prüfstand im Werk. Die oberste Arbeitsbühne liegt rund 14 m über dem Flurboden.

hört — wie der Arzt seinen Patienten — den Motorblock damit ab. Aufwendige Wartungsarbeiten, die turnusmäßig fällig sind, werden freilich gerne in die Hafenliegezeit verlegt. Zum Beispiel das Auseinandernehmen eines Hilfsdiesels oder — was ohnehin nur im Stillstand möglich ist — die Ventilrevisionen an der Hauptmaschine.
Hauptsächlich die Auslaßventile werden mit Argusaugen beobachtet und aus Angst vor unerwarteten Schwierigkeiten nicht selten häufiger überholt als es die Werft vorschreibt. Nun, es sind eben die thermisch am höchsten beanspruchten Teile eines Dieselmotors. Gefürchtet sind insbesondere Ventildurchbläser, denn sie setzen den Wirkungsgrad der Maschine deutlich herab und fressen am Material.

Das Durchblasen eines Auslaßventiles kann mehrere Ursachen haben: Verunreinigungen des Treiböles, mangelhaftes Separieren oder unzureichendes Schleifen der Ventile bei der letzten Revision. Oder Treiböl und Schmieröl sind nicht richtig aufeinander abgestimmt. Das führt in der Regel zu Ablagerungen oder Verkokungen im Brennraum. Zu hohe Ventilsitztemperaturen lassen dann einen Durchbläser entstehen. Oder gelegentlich einen Brand im Abgaskanal.

Heute sieht der ganze Maschinenbetrieb anders aus. Die modernen Schiffe sind für den wachfreien Betrieb automatisiert; der Maschinist geht nur noch seine Tageswache und erledigt dabei alle Routineinspektionen und Wartungsarbeiten. Wir erfahren im letzten Kapitel mehr darüber. Solange auf den Weltmeeren aber Alttonnage herumschwimmt, die bis zu dreißig Jahre und mehr auf dem Buckel hat, spielt sich auf vielen Schiffen der Wachdienst noch in der beschriebenen Form ab — als Knochenarbeit inmitten einem lärmerfüllten und oft unerträglich warmen Umfeld.
Für den technisch interessierten Leser wäre dieses Kapitel sicher unvollständig, würde es sich nur mit dem Wachdienst in der Maschine befassen und den Schiffsmotor selbst nur beiläufig streifen.
Wie sieht der typische Schiffsantrieb eines Trockenfrachters in der Nachkriegszeit aus? In seiner reinsten Form begegnen wir ihm eigentlich erst im nächsten Kapitel, denn es ist der langsamlaufende Zweitakt-Dieselmotor, gebaut als Kreuzkopf-Maschine. Seine Drehzahl liegt zwischen 100 und 180 Upm und wird über ein Drucklager direkt auf die massive Propellerwelle übertragen. Das gewährleistet einen optimalen Antriebswirkungsgrad. Ein Getriebe fehlt also; muß das Schiff rückwärts manövrieren, wird die Maschine gestoppt und nach dem Auslau-

fen mit umgekehrter Drehrichtung angelassen. Das geschieht durch pneumatisches Umsteuern der Nockenwelle.
Für den Laien sind die Motor-Abmessungen gigantisch: Kolbendurchmesser bis zu 1 m, ein Hub bis zu 2 m und eine Gesamtbauhöhe der Maschine bis zu 15 m. Leistung eines einzelnen Zylinders: zwischen 500 und 4000 PS. Eine 10 000 PS-Maschine beispielsweise bringt einen konventionellen Frachter mit 10 000 Tonnen Tragfähigkeit auf eine Geschwindigkeit von gut 17 Knoten.

Die großen Zylinderinhalte und niedrigen Kolbengeschwindigkeiten haben den Vorteil, daß der Schmierölverbrauch relativ gering ist und — wichtiger noch — billiges Schweröl hoher Zähigkeit wirtschaftlich verbrannt werden kann. Das macht den Fahrtbereich des Schiffes bei gleichem Bunkervolumen größer als bei anderen Antriebsmaschinen.

Ein Nachteil des Langsamläufers ist die große Bauhöhe. Der extrem lange Kolbenhub läßt sich nicht allein über eine Pleuelstange auf die Kurbelwelle übertragen; vielmehr ist die Teilung in eine Kolbenstange mit linearer Bewegung und in eine pendelnde Treibstange notwendig. Der Kreuzkopf ist das Bindeglied; er übernimmt zugleich die Kolbenführung in der Laufbuchse.
Diese ganze Kinematik spielt sich zwischen den A-förmigen Maschinenständern ab, welche die Zylinderblöcke mit der Grundwanne verbinden. Man bezeichnet diese Konstruktion auch als Kathedral-Bauweise. Sie ist auf Seite 56 als Schnittbild skizziert. Diese Zweitakt-Kreuzkopf-Motoren mit Umkehrspülung — ohne Ventile oder nur mit Auslaßventilen ausgerüstet — arbeiten extrem zuverlässig und sind in der Wartung recht anspruchslos. Die Bedienung ist einfach, und selbst schwere Teile sind relativ schnell austauschbar.
Auch ungelerntes Personal, das beispielsweise aus Entwicklungsländern kommt, kann nach einer Einarbeitungszeit mit diesen Langsamläufern sicher umgehen. Das ist fraglos mit ein Grund, weshalb bei uns ausgemusterte Schiffe mit solchen Antrieben noch häufig den Besitzer wechseln, ehe sie nach vielen Dienstjahrzehnten auf irgendeiner Abwrackwerft in Hinterindien landen.
Das hat sich übrigens bis heute nicht geändert, denn: Die Kathedralen sind immer noch — oder wieder — aktuell. Werfen wir einen raschen Blick voraus in die Motorenentwicklung bis heute: Bei etwa 48 000 PS — sie resultieren aus zwölf Zylindern à 4000 PS — erreichten die Groß-

diesel in der Nachkriegszeit ihre oberste Leistungsgrenze. Durch die Verbrennung von billigem Schweröl, etwa ab 1950, war der Diesel wirtschaftlich unschlagbar.

Für größere Antriebsleistungen kam nur die Dampfturbine in Frage — so für die supergroßen Tanker und Bulker, aber auch für die schnellen Containerschiffe, die in den frühen 70ern aufkamen. Nur in den USA, wo sich die Reeder nie viel um Brennstoffkosten scherten, gab die Turbine auch bei kleineren Antriebsleistungen den Ton an.

Ein Umdenken setzte weltweit ein, als die Ölpreise in zwei Krisen das Laufen lernten. Turbinenantriebe, sieht man von Kriegsschiffen ab, verloren aufgrund der hohen Bunkerkosten bis heute ihr Terrain Stück um Stück. Die Kessel verfeuern zwar den gleichen Brennstoff; die Turbine ist aber im Wirkungsgrad dem Dieselantrieb deutlich unterlegen. Im Gegenzug wurden die langsamdrehenden Großdiesel immer leistungsstärker und gelten heute bis etwa 54 000 PS als ausgereift. Und für noch höhere Leistungen bieten sich Mehrmotoren-Anlagen mit Getriebe an, bestehend aus aufgeladenen Mittelläufern mit Zylinderleistungen bis etwa 1800 PS.

Der mittelschnellaufende Dieselmotor im Drehzahlbereich von 400 — 600 Upm mit bis zu 18 Zylindern in kompakter V-Bauart hat sich in einigen neuen Schiffstypen stark durchgesetzt: in RoRo-Schiffen und Fähren beispielsweise — also in Schiffen mit horizontalem Güterumschlag, bei denen eine hohe Kreuzkopf-Maschine im Schiffsbauch nur im Wege stünde.

Die kompakten Mittelläufer schlucken heute ebenfalls billiges Schweröl, aber sie haben einen Pferdefuß: Als ventilgesteuerte Viertaktmotoren sind sie komplizierter und auch aufgrund der großen Zylinderzahl nicht so wartungsarm wie die Langsamläufer.
Gehen wir noch einmal kurz an Bord unseres Große-Seen-Trampers, dessen Antriebsanlage für die damalige Zeit nicht unbedingt typisch, sondern eher fortschrittlich war:
Die beiden Viertakt-Maschinen waren zwar ebenfalls als Kreuzkopf-Motoren konstruiert, aber sie liefen bei voller Fahrt mit 260 Upm, also etwas schneller als die typischen Langsamläufer. Sie verdauten noch kein Schweröl, sondern das leichtere Gasöl, für das es im Nordamerikadienst überall Bunkerstationen gab.
Zwei Maschinen wirken sich auf den Fahrbetrieb sehr flexibel aus, wie

wir bereits wissen. Mit zwei kleineren Maschinen sind außerdem das schnelle Hochfahren und Belasten des Schiffsantriebes möglich — ein großer Vorteil in einem Manöverrevier, das über tausend Seemeilen mißt. Diese Zusammenhänge dokumentieren, daß ein Seeschiff nicht nur durch seine Rumpfkonstruktion, die Aufbauten und das Ladegeschirr für bestimmte Fahrtgebiete prädestiniert ist, sondern eben auch durch seine Antriebsform. Wir sehen das auch bei unserem nächsten Törn, und ich verspreche dem geduldigen Leser schon jetzt, daß es nicht mehr so trocken technisch zugehen wird wie bisher.

Der ausfallende Steven, ein ausgeprägter Sprung und das runde Heck verleihen dem typischen Kühlschiff der 60er Jahre — im Bild die „Brunsgard" — einen fast yachtähnlichen Charakter. Die weißgepönte Bordwand reflektiert die Sonnenstrahlung.

Von Bananen und Bananeros

Am Fruchtschuppen im alten Segelschiffhafen von Hamburg: Pausenlos liften die Elevatoren Bananenkartons aus dem Rumpf eines weißen Kühlschiffes und befördern sie weiter in die klimatisierte Lagerhalle.

Elevatoren sind stetig fördernde Umschlaganlagen, bei denen an einer Endloskette Taschen befestigt sind. Diese fahren waagrecht über das Schiff und werden dann nach dem Teleskop-Prinzip in die Laderäume gesenkt.

Es ist noch nicht lange her, da wurden die Taschen der Elevatoren mit ganzen Fruchtbüscheln beschickt; jetzt werden die grünen Büschel schon im Erzeugerland zerlegt, sortiert und kartoniert. Unverändert kommen die rund 18 kg schweren Einheitskartons vom Schiff nach kurzer Zwischenlagerung im Kühlhaus in die Bananenreifereien. Dieses Verfahren verlagert Lohnkosten in das Billiglohnland, und es rationalisiert den Umschlag, weil die Kartons palettierbar sind. Und es werden weniger Früchte durch Druck und Stoß beschädigt.
Ein willkommener Nebeneffekt: Mit den zerlegten Büscheln kommt weniger Ungeziefer an Land. Mir fallen die 20 000 Spinnen und 40 000 Schaben ein, die laut einer Meldung in einer medizinischen Wochenschrift angeblich mit jedem Bananendampfer angelandet werden.
„Ja, früher wurden pro Stunde an einem Förderband schon bis zu 50 Spinnen eingeschleppt — und manche Schlange“, sagt mir der Ladungsoffizier an Deck. „Aber heute ist das nur noch ein Bruchteil.“
Nun, nicht jede Spinne und Schlange ist giftig, und bislang wurden durch Bisse auch nur „leichtere Zwischenfälle“ registriert. Was soll’s: Während der Reise ist das Viechzeug in den gekühlten Laderäumen sowieso in einem Dämmerzustand und wird erst beim Umladen wieder lebendig. Und dem Vernehmen nach wurde noch kein Assi bei den Temperaturkontrollen gezwickt oder gar vergiftet.

Ich bin erst wenige Stunden an Bord und fühle mich eigentlich recht komfortabel in der hellen Assi-Kammer. Die übereinanderliegenden Kojen haben Vorhänge und Leselampen; ferner ist eine gepolsterte Eckbank fest installiert, und ein richtiges Fenster — kein Guckloch — läßt viel Licht herein. Von der Koje reicht der Blick bis an die Kimm. Tisch und Stuhl und ein Waschbecken mit Spiegel runden das Inventar ab. Eine wohnliche Kammer also, auf dem Hauptdeck rund sechs Meter über dem Wasser gelegen.

„Brunsgard" heißt mein neues Domizil, ein schneeweißes Kühlschiff in der Linienfahrt zwischen Hamburg und Ecuador. Es hat den unverwechselbaren Riß eines Bananenjagers der 60er Jahre: ein schlank gebauter Glattdecker mit ausgeprägtem Sprung und eingezogenem Heck, mit einem Wulstbug und mittschiffs liegendem Brückenhaus, zwei Ladeinseln mit leichtem Geschirr und acht Ladepforten in der Bordwand.

Beim Glattdecker gibt es keine von Bord zu Bord reichenden Aufbauten wie Back oder Poop; auch der Sockel des Brückenhauses ist eingeschnürt.

Die Rumpfkonstruktion macht das Schiff schon optisch schnell. Ein Schattendeck hinter dem Schornstein und eines auf dem Achterschiff verraten dem Seefahrer, daß sich das Schiff in der Tropenfahrt befindet. Heute sind diese eleganten Formen selten geworden. Die modernen Reefer, wie die Kühlschiffe in der Fachsprache heißen, sind vielmehr kantig gebaut, mit Spiegelheck und eckigen Aufbauten.

Ein paar Zahlen zur Größe: Die Rumpflänge der „Brunsgard" mißt über alles 136 m, die Tragfähigkeit 4150 Gewichtstonnen, der Rauminhalt der Kühlräume 2840 Registertonnen (8000 cbm). Der MAN-Zweitakt-Dieselmotor mit acht Zylindern leistet 9600 PS; das bedeutet eine Zylinderleistung von 1200 PS. Die Maschine wirkt direkt auf den Festpropeller und verleiht dem Schiff eine Geschwindigkeit von 21 Knoten. Die „Brunsgard" ist also ein ausgesprochener Schnellfrachter.

Die Besatzung zählt 44 Mann. Außerdem sind Kabinen für zwölf Passagiere vorhanden. Die Zahl der Fahrgäste ist begrenzt, weil ab 13 Passagiere ein Arzt an Bord sein muß. Zwischen 1963 und 1965 wurden auf vier deutschen Werften neun baugleiche Bruns-Schiffe von Stapel gelassen; weitere wurden für die Sowjetunion auf Kiel gelegt.

Ich befinde mich also an Bord eines Neubaues, der aber schon über zwei Jahre in Dienst gestellt ist und dessen technische Mucken weitgehend

ausgebügelt sind. Das wissen insbesondere die Leute unter Deck zu schätzen.
Der zweite Ingenieur weist mich am Nachmittag in die Maschine und Kühlanlagen ein. Das Schiff ist derweil entladen worden, und wir verholen an die Ausrüstungspier von Blohm + Voss, übernehmen dort Store und Ersatzteile. Die Werft inspiziert nochmals die Kühlmaschinen und füllt Kältemittel nach. An der Saling weht der Blaue Peter und signalisiert dem Eingeweihten: Wir machen seeklar und laufen noch heute aus.
Gegen Abend laufen wir mit fallendem Tidenstrom die Elbe abwärts. Am Lotsenhöft von Finkenwerder findet der Lotsenwechel im Strom statt: Der Hafenlotse geht von Bord, und der Elblotse entert die Jakobsleiter hoch. Kurz darauf dippt die Schiffsbegrüßungsanlage in Schulau die Flagge zum Gruß und spielt das Hammonia-Lied, die Hamburger Hymne. Das tiefe Dröhnen unseres Tyhons verleiht dem Abschied einen richtig romantischen Touch. Es ist meine erste Westindienausreise.
Unter Ballast laufen wir in den Nordsee-Zwangsweg in Richtung Englischer Kanal und erreichen am nächsten Tag die Themse. Laut Segelliste ist der erste Ladehafen London, genau gesagt, die Dagenham Docks. Gegenüber dem gewiß nicht gerade sauberen Elbwasser ist die Themse geradezu eine Kloake.
Die Industrie am Ufer gleicht mitunter einer Ruinenlandschaft mit riesigen Ödflächen; aber die Schornsteine rauchen — und die Abwasserkanäle entlassen ihre Schmutzflut ganz offensichtlich ungeklärt in den Strom. Was macht es da schon aus, wenn wir unser Bilgenwasser am hellichten Tag außenbords pumpen? Ich peile rasch die Bilge unter den Flurplatten und stelle die Lenzpumpe an. Heute wäre das selbst in der Nordsee undenkbar; es geschieht dennoch immer wieder nachts.
In Dagenham übernehmen wir eine ganze Pkw-Flotte für die Vereinigten Staaten. Die Reederei ist an solcher Fracht immer interessiert, denn eine reine Ballastreise über den Atlantik bringt ja keinen Gewinn. Die Reise dauert dann oft eine Woche länger als auf dem direkten Track nach Panama, also über einen Monat. Bis zu 400 Pkw nimmt mancher ausgehende Bananenjager mit nach USA, denn die Exporte der europäischen Automobilindustrie florieren.
Da in den Docks von Dagenham nicht rund um die Uhr geladen wird, habe ich in der Freiwache Zeit, die U-Bahn nach London zu nehmen.

Welch Kontrast zu all den bisherigen Eindrücken, die England in mir hinterließ. Die Metropole trägt immer noch das Antlitz eines reichen Empire, dem die unermeßlichen Schätze von Indien, Burma und Südafrika zur Verfügung standen.

Spät am Abend kehre ich verwirrt an Bord zurück, müde und hungrig. Der erste Gang führt schnurstracks an den Kühlschrank in der Kombüse, der stets mit Wurst, Käse, Schinken, Butter und Eiern gefüllt ist. Das ist auf jedem Schiff so eingerichtet. Wer zwischen den Mahlzeiten hungrig ist, bedient sich in der Kombüse selbst.

Da ich die Hundewache von 0 — 4 Uhr habe, lohnt sich das Schlafengehen nicht mehr. Doch das hindert einen gewiegten Assi nicht, trotzdem sein müdes Haupt zu betten — nämlich während der Wache im Putzmittelstore unten im Maschinenraum, schön weich zwischen sauberen Lappen und Twist. Während der nächtlichen Hafenwache machen das hunderte von Assis, Reinigern und Schmierern so. Ohne Wecker versteht sich, denn die Ablösung ist nicht gerade böse, wenn sie eine oder gar zwei Stunden zu spät hochgerüttelt wird, weil der Wachgänger so gut geschlafen hat.

Derweil läuft der kleine Hafendiesel unverdrossen; was soll auch schon groß passieren. Gelegentlich gibt's einen Fehlalarm, aber man ist ja gleich zur Stelle. Routinierte oder — im Jargon gesprochen — „abgewichste Assis“ pennen während der Hundewache sogar seelenruhig in der Koje. Schrillt einmal die Sirene, schaffen sie es tatsächlich, binnen einer halben Minute die Eisenleitern in die Maschine förmlich hinunter zu fliegen und den Alarm zu löschen, ehe der zuständige Ingenieur auf den Beinen ist.

Das sind so kleine Gewohnheiten, die stillschweigend toleriert werden, wenn im Hafen nachts nicht gelöscht oder geladen wird. Dennoch riskiert man „den Sack“, das heißt die Entlassung, wird man während der Wache beim Pennen in der Kammer erwischt.

Am nächsten Tag schleichen wir vorsichtig und mit langsam törnender Maschine aus dem Kanal, weil ein pottendicker Nebel jede Sicht versperrt.

Die Seestraßenordnung verlangt die Herabsetzung der Fahrtstufe schon bei eingeschränkter Sicht. Im Sommer sind neblige Tage im Kanal keine Seltenheit. Das Tyhon dröhnt dann jede Minute, und trotz Radar muß ein Matrose auf Ausguckstörn nach vorne auf die Back.

Zwischendurch geht die Maschine wieder auf volle Drehzahl, weil sich die Nebelwand auflöst. Da also Manöver stattfinden, ist ein zweiter Assi in die Maschine abkommandiert. Er notiert am Fahrstand jede Änderung der Fahrtstufe mit der Uhrzeit im Manöverbuch.
Auch im Ostteil des Nordatlantiks hüllt uns immer wieder dicker Nebel ein, weil feuchtwarme, subtropische Luft über die kältere Wasseroberfläche streicht und dabei kondensiert. Dieser Tropikluftnebel ist oft nur zwanzig bis dreißig Meter hoch; darüber steht ein strahlend blauer Himmel. Bisweilen überragt sogar die Brücke die Nebelgrenze.
Am dritten Tag überholen wir die „Berlin" (ex „Gripsholm"), den bekannten Zweischornsteiner des Norddeutschen Lloyd. Mit seinen 15 Knoten kann der betagte Passagierliner mit uns nicht Schritt halten.
Das Wetter wird immer schöner, und unser rankes Schiff reitet die langgezogene Atlantikdünung fast wie ein Wasservogel ab. Die mitgeführten Autos sind im Zwischendeck gestaut, damit der Ladungsschwerpunkt nicht zu tief liegt und keine starken Rollbewegungen verursacht. Dadurch ist das Schiff zwar weniger stabil, aber das ist vertretbar, weil im Hochsommer die Windstärken auf dem Nordatlantik am geringsten sind. Auf Hurrikanmeldungen ist freilich stets zu achten. Der Autopilot hält selbsttätig den Kurs, und die Brücke ist zeitweise nur von einem Wachmatrosen besetzt, der alle zwei Stunden abgelöst wird.
Die Nautiker haben den Großkreis auf New York abgesetzt, das ist die kürzeste Verbindung. Mancher Leser weiß vielleicht, daß ein Großkreis — in der Navigation auch Orthodrome genannt — dem größten Erdumfang entspricht. Sein Durchmesser geht also immer durch den Erdmittelpunkt. Typische Großkreise sind der Äquator und alle Meridiane. Ohne laufende Kursänderung kann ein Schiff nur auf einem Großkreis fahren, wenn es dem Äquator folgt oder einem Meridian. Auf allen anderen Routen macht die Großkreisfahrt regelmäßig Kurskorrekturen erforderlich. Nur auf einem Globus läßt sich das plastisch erklären.
Auf unserer Reise ermittelt die nautische Schiffsführung also außer dem Anfangs- und Endkurs die erforderlichen Zwischenkurse. Das geschieht aber nur einmal am Tag. Spezielle Großkreiskarten ersparen die früher üblichen, aufwendigen Berechnungen.

Die Großkreisfahrt kann auf langen Seereisen den Weg um etliche hundert Seemeilen verkürzen. Einem schnellen Schiff bringt das auf der Nordatlantikfahrt aber relativ wenig Zeitersparnis. Vielfach ist es wirtschaftlicher, Wind und Strömungen auszu-

nutzen und Tiefdruckgebiete zu umfahren. Fallweise ist also zu entscheiden, was sinnvoller ist; den Großkreis abzusetzen, einen konstanten Kurs zu fahren oder nach der Meteorologie zu navigieren. Letzteres ist heute bei den höheren Schiffsgeschwindigkeiten üblich geworden.

Wir versegeln die Strecke nach New York binnen fünf Tagen und machen an einem strahlenden Morgen vor Coney Island fest. Unmittelbar vor uns die erst kürzlich fertiggestellte Verrazano-Bridge, mit fast 1,3 km Spannweite derzeit der Welt größte Hängebrücke. Neue bauliche Dimensionen kündigen sich an.

Zoll, Paß- und Gesundheitsbehörde fertigen uns zügig ab, und die Landgangspässe werden ausgehändigt. Der Revierlotse kommt an Bord, und wir verholen nach Newark, einem wichtigen Industriehafen am Westufer des Hudson-Rivers, der zur Metropolitan Area von New York gehört. Tunnels und Brücken verbinden die wenig attraktive Stadt direkt mit Manhattan.

Wir löschen unsere Autofracht auf die Pier und stauen Kollis mit Ausrüstungsgütern für Industrieanlagen. Ein Supercargo erstellt die Ladungs- und Klarierungspapiere. Der Liegeplatz grenzt an den Flughafen von Newark, und ich nutze zweimal den Schnellbus, der direkt zum Lincoln Center fährt. Wer New York zum ersten Mal betritt, kann sich der Faszination großer Dimensionen nicht entziehen — selbst wenn er sich in den Wolkenkratzer-Schluchten unbehaglich fühlt.

Ich hätte die nächste Freiwache erneut in Manhattan verbracht, wenn die Ladegang nicht so gut gearbeitet hätte: Der ursprünglich angepeilte Auslauftermin wird auf die Stunde genau eingehalten, und ich bin auch auf die Minute genau — wenn auch in panischer Hast per Taxi herbeigeeilt — an der Pier. Oder doch eine Minute zu spät? Denn die Festmacher und auch die Gangway sind schon eingeholt. Auf der Brückennock und an Deck stehen mehrere Leute, die an Land starren und wie wild gestikulieren. Der hölzerne Landgangsteg rauscht nochmals herunter und ich im Eiltempo hinauf.

Zur Abschreckung wird an Ort und Stelle ein Exempel statuiert: Allein muß ich die schwere Gangway hochwinden. Ich lasse mir nichts anmerken und kurble beidhändig unverdrossen, bis die Planke parallel am Schanzkleid liegt. Doch beide Handballen sind aufgerissen.

Dann sehe ich den Kapitän auf der Reise zum ersten Mal. Die Audienz auf der Brücke habe ich mir freundlicher vorgestellt, weniger laut und nicht mit einem Hinauswurf endend. Was wäre passiert, hätte ich nur noch das Heck der „Brunsgard“ gesehen und wäre — wie der Seemann sagt — achteraus gesegelt? Der Schiffahrtsagent hätte mir ein Flugticket nach Panama beschafft, selbstredend auf meine Kosten. Den Dampfer verpassen, kann also verflixt teuer werden — vor allem, wenn das Schiff zurück nach Hamburg fährt.

Der Chief schickt mich gleich zum Manöverschreiben in die Maschine, und ich erfahre dort mit einer gewissen Genugtuung: Zwei Leute von Deck sind tatsächlich überfällig. Also nicht nur wegen mir guckte sich die halbe Crew vorhin die Augen aus.

Wir verlassen die Newark Bay und das buchtenreiche Revier von New York. Als die Maschine endgültig auf voll voraus geht und ich nach oben klettere, ist die Freiheitsstatue schon außer Sicht.

Es wird täglich wärmer, und südlich von Kap Hatteras laufen die Matrosen an Deck nur noch in kurzen Hosen und mit nacktem Oberkörper herum. Wir haben Ladung für Georgetown, einem kleinen, aber außergewöhnlichen Hafenplatz in South Carolina. In der Nähe soll in Kürze ein Küstenstahlwerk unter deutscher Beteiligung entstehen.

Georgetown ist keine Stadt und kein Hafen im herkömmlichen Sinne, sondern eine südländische Idylle, die mir angenehm erinnerlich ist: Die Pier für die Seeschiffe liegt in einer vegetationsreichen Bucht mit rötlichbraunen Sumpfkiefern, Magnoliengewächsen und gelbem Jasmin. Das Städtchen selbst läßt jede urbane Hektik vermissen und gleicht eher einer stillen Parklandschaft mit Fächerpalmen, Gummi- und Lorbeerbäumen, von deren Ästen Spanisches Moos meterlang herunterhängt und sich im Wind bewegt.

Prächtige Villen mit Säulen, Veranden und spitzen Giebeln manifestieren das koloniale Erbe der Südstaaten. Es äußert sich auch in den schwarzen Bediensteten, welche die Grünflächen sprengen oder weiße Kinder spazierenfahren. In den breiten, verkehrsarmen Straßen sieht man wenig und schon gar keine gehetzten Menschen. Der Ort atmet eine Atmosphäre, die „Vom Winde verweht“ entlehnt scheint, und der phantasiebegabte Besucher wartet geradezu darauf, daß ihm Scarlett O’Hara im nächsten Moment begegnet.

Low Country nennen die Einheimischen die immergrüne Küstenebene von South Carolina mit ihrem feuchten, subtropischen Klima und den langen, heißen Sommern.

Nach einer Fahrt durch den tropischen Regenwald Panamas hat das Schiff die Pazifik-Niederung erreicht. Kleine Elektrolokomotiven treideln die Schiffe durch die langen Schleusenkammern.

Fast wehmütig verläßt man diese zutiefst friedliche Stätte, die so grundverschieden von anderen Städten der Vereinigten Staaten ist.
Auf der Weiterfahrt nach Süden lassen wir die Bahamas an Steuerbord und setzen den Kurs auf die Windwardpassage zwischen Kuba und Haiti ab. Seit der Kuba-Krise ist es erst fünf Jahre her, und Genosse Castro läßt jedes Schiff, das sich seinen Küsten nähert, mißtrauisch beäugen: Ein altes Aufklärungsflugzeug huscht so tief wie nur möglich über unser Schiff hinweg, um es zu identifizieren. Die Mannschaft kennt das von früheren Reisen.
Durch den Jamaica Channel laufen wir in das Karibische Meer. In der Maschine ist es seit Tagen ungemütlich, und an Deck lindert allein der Fahrtwind die tropische Schwüle. Die Sonnenuntergänge in der Karibik und die sternenklaren Nächte mit Übersichtweiten sind dagegen unvergeßlich. In Landnähe sieht man durch Luftspiegelungen oft Lichter von Städten, die schon weit hinter dem Horizont liegen.
Am nächsten Tag erreichen wir den Isthmus von Panama und gehen auf der Seereede von Colon, dem atlantischen Kanalhafen, vor Anker. Über

dem tropischen Regenwald, der hier bis an die Küste reicht, türmen sich dunkle Wolken und weiße Dampfschwaden, die starke Niederschläge signalisieren. Es ist genauso, wie ich mir den Busch vorgestellt habe.
Über 50 Schiffe, zu Konvois zusammengestellt, passieren täglich den Panamakanal. Für einen Dampfer, der von New York nach San Francisco will, bedeutet der Kanal eine Abkürzung von etwa 8000 Seemeilen oder fast 15 000 km im Vergleich zur Kap-Hoorn-Route.

Mit den Einfahrten ist der 1914 fertiggestellte Panamakanal 80 km lang; drei Schleusenanlagen überwinden den Isthmus mit einem Höhenunterschied von 26 m.

Vom Atlantik kommend, verläuft die 13 m tiefe Baggerrinne mitten durch den Dschungel zunächst zum Gatundamm. Dort erfolgt der Aufstieg in drei Schleusenkammern zum künstlich gestauten Gatunsee. Es folgt der Bereich der kontinentalen Wasserscheide bis zur Schleuse Pedro Miguel, wo der Abstieg beginnt.
Nach der Doppelschleuse Miraflores sind die Schiffe dann auf pazifischem Niveau. Ohne die Wartezeiten zu rechnen, braucht ein Schiff für die Passage etwa zehn Stunden, davon die Hälfte allein für das Schleusen.
Kleine Elektrolokomotiven treideln die Schiffe durch die mehrstufigen Schleusen, während an Deck Dutzende von Negern, einheitlich in propere Monteursanzüge gekleidet und mit Schutzhelmen auf dem Kopf, das Antauen und Verholen erledigen. Die Gewerkschaft garantiert diesen Lineholdern ihre Beschäftigung. Sie sind bei der Kanalgesellschaft angestellt, die wiederum der US-Regierung gehört. Die farbige Bevölkerung Panamas stammt übrigens vielfach von den ehemaligen Eisenbahn- und Kanalbauarbeitern ab.
Die Pazifikniederung ist trockener, aber landschaftlich nicht so wild und interessant wie der atlantische Teil des Kanals, der aufgrund der kleinen Inseln und gestauten Seen einen amphibischen Charakter hat.
Die verflixte Manöverfahrt hält mich während der Passage in der Maschine fest, und ich stehle mich gelegentlich wieder in den Schornstein, um von dort in den Dschungel zu blicken. Neidvoll denke ich an unsere Passagiere, von denen einige den Landweg mit einem gemieteten Auto wählen und in einem Hotel übernachten. Nur die One-Way-Passagiere — es sind einige Amerikaner — bleiben bis zum Pazifikhafen Balboa an Bord und nehmen dann das Flugzeug in die Staaten.
Kurioserweise hat Panama bis heute keinen ausgesprochenen Übersee-

hafen, obgleich hunderte, wenn nicht tausende von Seeschiffen dort registriert sind und unter der Schattenflagge von Panama fahren. Und vielfach ihren wirklichen Heimathafen nie angesteuert haben.
Nachdem die Hochbrücke von Balboa achteraus liegt, stoppen wir auf, und das Lotsenversetzboot kommt längsseits. Mit dem Kanallotsen verabschieden sich auch die amerikanischen Passagiere von Kapitän und Chief, mit denen sie täglich ihre Mahlzeiten eingenommen haben.
Kurz zuvor sind in der Schleuse die beiden seit New York überfälligen Matrosen an Bord geschlichen — kleinmütig und in Erwartung des kommenden Donnerwetters. Ihre Ausreden sind derart fadenscheinig, daß sich die Spanten biegen. Der Erste hört sie sich erst gar nicht an, sondern schickt die beiden gleich zum Master next God, der sie gehörig zum Tünnes macht.
Auslaufend Balboa öffnet sich der Pazifik zu einer unendlichen Weite, die durch die Erwartungshaltung gesteigert wird. Noch tausend Seemeilen bis zu unserem Ladehafen Guayaquil liegen vor uns. Eine kraftlose Brise kräuselt die unbewegte See. Fliegende Fische und Tümmler begleiten unsere schnelle Fahrt — und gelegentlich ein Hai, wenn der Kochsmaat seine Abfälle über die Kante kippt.
Ich denke an meinen Vorgänger, den ich vor mehr als zwei Wochen in Hamburg abgelöst habe und dessen Unglück und wundersame Rettung durch die Tagespresse ging: In seiner Freiwache fiel er aus unerklärlichen Gründen über Bord — entweder sprach er zuviel dem an Bord so beliebten Bacardi-Rum zu oder es geschah beim Pinkeln über die Reling.
Seine Abwesenheit wurde erst bemerkt, als er nicht zur Wache kam. Möglicherweise schwamm er schon acht Stunden im Wasser. Der Kapitän ließ unverzüglich auf Gegenkurs gehen, und — meines Wissens nach 20stündiger Suche — fischte die „Brunsgard" tatsächlich den verlorengegangenen Assi aus dem fast 30 °C warmen Pazifik. „Stecknadel im Heu gefunden" — so ähnlich schrieb das Hamburger Abendblatt damals über die spektakuläre Rettung.
Am zweiten Seetag queren wir den Äquator. Ich atme tief durch, als niemand Anstalten macht, mich taufen zu wollen. Zehn Stunden später laufen wir in das betonnte Fahrwasser des Rio Guayas ein. Etwa 25 Seemeilen oberhalb der verzweigten Mündung liegt der Haupthafen Ecuadors und das Ziel unserer Reise: Guayaquil.
Die Stadt liegt in der Ebene vor der Küstenkordillere und hat eine 5 km lange Pier am Fluß. Nach dem Anlegemanöver stecken wir als erstes

Nach der Ankunft in Guayaquil werden zuerst die „Zollgeschenke“ verteilt, damit das Schiff zügig abgefertigt wird. Dann kommen die Bananenleichter längsseits.

Rattenbleche über die Festmacher. Noch am Abend löschen wir eine kleine Restladung an Stückgut und mithin die wichtigste Fracht — eine große Musiktruhe aus geschnitztem Nußbaum, wie sie in den 50er Jahren zum gehobenen Wohnstil in Deutschland gehörte. Das damals schon altmodisch anmutende Stück bekommt ein hoher Zollbeamter als kleine „Prämie“ für die zügige Abfertigung des Schiffes.
Gleichzeitig wechseln etliche Stangen Zigaretten den Besitzer, deren Marke und Anzahl der örtlichen Reedereibeauftragte festlegt. Solchermaßen geschmiert, arbeiten Zoll und Hafenbehörde erstaunlich schnell. Das ist in ganz Südamerika so üblich, und wer je im Mittelmeer fuhr, kennt das auch von Neapel.
Wir manövrieren uns noch am gleichen Abend wieder von der Kaimauer frei und verholen zum Bananenladeplatz auf der Flußreede. Zwischen den Mangroven liegt ein weiteres Schiff aus Hamburg an zwei schweren Moorings, die „Pisang“ von Laeisz. Die Crew hat mittlerweile ihre Passierscheine für den Landgang erhalten, und die ersten liebeshungrigen Maaten sind schon per Barkasse in der Stadt.
Derweil wartet auf mich Arbeit im Maschinenraum: Treibölseparatoren reinigen, Ladeluftfilter und Schmierölfilter auswaschen, Einspritzdüsen ziehen und Abspritzdruck justieren, Düsen fallweise erneuern.

Ein routinierter Maschinist kann allein durch das Beobachten des Schornsteines erkennen, ob die Einspritzorgane richtig funktionieren, ob die Maschine überlastet oder überschmiert ist.

Arbeiten die Einspritzorgane fehlerhaft, so macht sich das durch höhere Abgastemperaturen bemerkbar und durch schlechtere Rauchwerte des Schornsteins. Der Rauch muß bei normaler Belastung unsichtbar sein und darf nur bei kleiner Last eine Blaufärbung haben.

Eine besonders beliebte Arbeit ist mir noch vergönnt — das Reinigen des Spülluftkanales. Also die letzten Klamotten an und auf allen Vieren rein in den Auspuff. Mit der Taschenlampe werden zuerst die Spülschlitze der Zylinderlaufbuchsen inspiziert und Verkokungen beseitigt, dann der Spülluftkanal selbst von Verbrennungsrückständen befreit.
Dann bewegt der Maschinist mit der Törnvorrichtung ganz langsam die Kurbelwelle und damit auch die Nockenwelle, während der im Spülluftkanal liegende Assi zylinderweise guckt, ob sich bei der Einspritzstellung die Kolben in der richtigen Position befinden. Als ich wieder herauskomme, sehe ich aus wie von Kopf bis Fuß geteert. Diese Prozedur blüht einem schlimmstenfalls auf See, falls der Spülluftkanal brennt. Das passiert selten, ist aber eine gefährliche Situation, weil sie zu einem Brand oder einer Verpuffung im Maschinenraum führen kann. In einer solchen Situation läßt man am besten die Maschine langsam weiterlaufen, bis der Brand von selbst erlischt.
Nach einer Stunde Zutörnen versuche ich erst einmal, mein schwarzes Haupt sauber zu kriegen, dann geht's schnell noch in der Kombüse an den Kühlschrank und dann flugs in die Koje. Mein Ablöser darf derweil einen Zylinderdeckel abtakeln, weil wieder mal ein Kolben raus muß.
Am nächsten Morgen zieht es mich an Land. Als die Barkasse ablegt, herrscht um das Schiff rege Betriebsamkeit. Ein Dutzend gedeckter Leichter umlagert unser Schiff; sie sind durch Laufplanken mit den geöffneten Ladepforten im Rumpf verbunden. Im Laufschritt befördern die Bananeros — so heißen die einheimischen Bananenträger — die geschulterten Fruchtkartons in den Schiffsrumpf.
Die hundert oder gar zweihundert halbnackten, allenfalls mit ein paar Lumpen bekleideten Gestalten geben ein buntbewegtes Bild ab. An Bord dürfen die „Knackfüße", wie sie die Crew abfällig nennt, nicht. Denn was nicht niet- und nagelfest ist, verschwindet im Nu — selbst schmutzige Handtücher oder geflickte Sandalen.

An der Mooring auf dem River Guayas in Ecuador: Hunderte von Bananeros tragen die in Kartons gestauten Bananen durch die Ladepforten in den gekühlten Schiffsbauch.

Die Deckswache am Fallreep und an den Türen zu den Betriebsgängen achtet strikt darauf, daß keine der exotischen Gestalten passiert. Einige von ihnen pönen vom Dach eines Leichters aus den Schiffsrumpf mit langen Farbrollen. Die Löhne sind hier eben viel billiger als in der Heimatwerft.

Beim Übersetzen an Land kommt uns die nächste Schicht Bananeros entgegen. Vom Fährboot sieht man gerade den Rumpf und ein Stück vom Ruderhaus, denn es quillt vor Menschen schier über. Die gestikulierenden Bananeros stehen dichtgedrängt an Deck, sitzen auf dem Dach, hängen zwischen den Relingszügen. Wer ein Bedürfnis verspürt, streckt seinen nackten Hintern einfach über Bord und läßt seine Verdauung ins Wasser plumpsen. Eine richtige Schietgäng, die unser Schiff stürmt...

Über Guayaquil gibt es wenig zu sagen, und unsere Passagiere, welche die ganze Reise gebucht haben, fahren ins Hochland nach Quito, nehmen das Flugzeug nach Panama, um dort das Schiff abzuwarten. In der Stadt gibt es außer der Uferpromenade, ein paar palmenbesetzten Plätzen und verschnörkelten Verwaltungsbauten im Stil der Jahrhundert-

wende keine Attraktionen. Und nichts, was sich zu kaufen lohnt. Treffpunkt der Seeleute sind die zahlreichen Bars und Puffs, in denen hunderte von „Shorttime-Mädchen“ auf ihre Freier warten.
Die Slums in den Vororten offenbaren eine Armut, die selbst den Balkan bei weitem überbietet. Hier hausen die Menschen buchstäblich im Müll. Die Behausungen bestehen aus Wellblech, Brettern und anderem Bauschutt; sie haben keine Kanalisation, keinen Strom und keine Sanitäreinrichtungen. Fotografieren ist in dieser Gegend riskant, und selbst eine Armbanduhr, sichtbar am Handgelenk getragen, wechselt hier schnell gewaltsam den Besitzer.
Ecuador krankt wie andere Agrarstaaten Lateinamerikas am krassen Gegensatz von arm und reich. Eine dünne kreolische Oberschicht beherrscht die Masse der Mestizen und Indianer und hält sie bewußt von jeder Bildungschance fern. Während sich in anderen Ländern, so in Brasilien und Kolumbien, eine neue, leistungsfähige Rasse bilden konnte, dämmert das kleine Ecuador bis heute ohne Entwicklungsmöglichkeiten dahin.
Wichtigstes Exportgut des Landes sind Bananen, die ganzjährig geerntet werden. Diese Frucht zählt zu den ältesten Kulturpflanzen, und schon Alexander der Große begegnete ihr auf seinem Zug nach Indien. Wie wir schon wissen, werden die Bananen unreif gepflückt und verschifft. Sie haben im grünen Zustand noch kantige Formen. Erst die vollreife Frucht bekommt einen annähernd runden Querschnitt.

Die geernteten Fruchtbüschel wiegen zwischen 35 und 50 kg und haben zehn bis zwölf „Hände“. In diese Hände mit jeweils 14 bis 18 Bananen werden die Fruchtbüschel auf der Plantage gehackt und dann für den Seetransport kartoniert. Das erhöht das Staugewicht pro Kubikmeter.

Zurück an Bord, nehme ich am Tauschhandel teil, der zwischenzeitlich in Gang gekommen ist: Eine Dose Bier gegen eine ganze Ananas, eine Schachtel Zigaretten gegen einen Panamahut. Letzterer heißt auch Guayaquil-Hut, denn er wird zwar aus der Panamapalme geflochten, aber in Guayaquil gefertigt und von dort weltwelt exportiert.
Kuriositäten werden feilgeboten wie bis zu 40 cm lange „Elefantenbananen“, die wissenschaftlich freilich anders heißen und recht fade schmecken. Ich tausche zwei getragene Nylonhemden und zwei Krawatten gegen einen indianischen Pfeil und Bogen und ein Blasrohr ein. Ferner eine Stange Zigaretten gegen ein drei Meter langes Pythonleder.

In Balboa auf der Pazifikseite des Panamakanals kommen neue Mittschiffsgäste mit dem Lotsenversetzboot an Bord. Ein Kaiplatz würde teure Liegegebühren kosten.

Affen, Vögel und Reptilien einzutauschen, hat die Schiffsleitung verboten. Auf einer früheren Reise brachte jemand in Kolumbien einen jungen Alligator mit an Bord. Das Tierchen blieb nicht lange in der Kammer und erschreckte nachts durch sein Zähneklappern die Passagiere.

Auch nach Sonnenuntergang laden die Bananeros im Scheinwerferlicht weiter. Weit über 200 000 Bananen-Kartons sind derweil im Schiffsrumpf gestaut. Längst laufen die Ammoniak-Kühlmaschinen mit voller Leistung. Alle Hilfsdiesel sind in Betrieb, um hinreichend Strom für die Kälteverdichter bereitzustellen. Nach der Frischproviantierung kommt auch der Lotse an Bord. Noch in der gleichen Nacht verlassen wir die abenteuerliche Reede auf dem Fluß und laufen mit Radar durch die Mangrovensümpfe in Richtung Pazifik.

Vom Panamakanal abgesehen, geht es nonstop zurück nach Hamburg. Die Reise wird 16 Tage dauern. Diesmal benutzen wir die Monapassage zwischen Haiti und Puerto Rico, die von Seeschiffen am häufigsten benutzte Durchfahrt der Karibischen Inseln. Sie ist nicht ungefährlich: Viele Kapitäne fürchten sie wegen der starken Strömungen, welche das Schiff nach Westen in Richtung der Inseln versetzen können. Davor liegt obendrein die Navidadbank, eine berüchtigte Schiffsfalle.

Vorsichtiges Navigieren ist in der Monapassage jedenfalls dringend geboten. Nach der Passage setzen unsere Nautiker wieder den Großkreis auf den Englischen Kanal ab. Diese Route führt südlich der Azoren vorbei. Durch die Westwinddrift mit Wind und See von achtern machen wir gute Etmale.

Die Maschinenwache schließt nun während der ganzen Heimreise die Überwachung der Kälteanlagen ein. Ein stechender Ammoniak-Geruch macht sich im Kühlmaschinenraum bemerkbar.

Die grünen Bananen werden durch umgewälzte Kaltluft auf einer Temperatur von 12 °C gehalten. In diesem „Schlafzustand“ ist der Reifeprozeß unterbrochen.

Bananen, die einen fortgeschrittenen Reifezustand erreichen — sogenannte Turner —, können für die Ladung gefährlich werden: Sie entwickeln Äthylen und verursachen daher das Reifen der übrigen Früchte. Eine wirkungsvolle Kaltluftumwälzung verzögert diesen Prozeß und vermeidet die Bildung von Wärmenestern.

Zwischen den Luftkühlern in den Laderäumen befinden sich starke Axialventilatoren, welche die Luft horizontal zwischen den gestauten

Kartons in Bewegung halten. Die Isolierung des Rumpfes trägt ferner dazu bei, daß der Wärmefluß von außen stark gebremst wird, und der weiße Außenanstrich reflektiert weitgehend die Sonnenstrahlung.
Trotz Plustemperaturen in den Laderäumen ist für die Bananenfahrt eine zwei- bis dreifach höhere Kälteleistung notwendig als beim Transport von Gefriergut, das bei Minustemperaturen bis zu 22 °C — Fisch sogar bis minus 40 °C — transportiert werden muß. Wie erklärt sich dieser Tatbestand?
Zunächst werden die Früchte warm angeliefert und gestaut; sie müssen im Gegensatz zu Gefriergut erst einmal heruntergekühlt werden. Das erfordert hohe Leistungsspitzen. Dann entwickeln die Bananen während der Reise durch den Reifeprozeß Wärme, die ebenfalls abzuführen ist. Das Reifen läßt sich durch die Kaltlagerung nur verzögern, aber nicht unterbinden.
Die Fracht ist also verderblich und macht die hohe Geschwindigkeit der Bananenjager — heute bis zu 24 Knoten — unabdingbar. Das erklärt die ungewöhnlich starke Leistung des Schiffsantriebes und die begrenzte Tragfähigkeit. Nur für Fleischtransporte werden normalerweise größere Kühlschiffe — bis etwa 10 000 t Tragfähigkeit — gebaut.
Übrigens: Nicht jeder Fruchtdampfer ist ein Kühlschiff, denn oft genügt zur Frischhaltung des Transportgutes ein leistungsfähiges Belüftungssystem für die Laderäume. Ein Kühlschiff ist zwar ein konventioneller Trockenfrachter, aber die gesamte Laderaumkapazität besteht aus isolierten Kühlräumen, die an ein mechanisches Kältesystem angeschlossen sind. Die Definition für einen Reefer schließt also Schiffe aus, deren Laderäume nur zum Teil isoliert und konditioniert sind.
Gehen wir noch einmal an Bord der „Brunsgard“: Zweimal während der Wache sind die Temperaturen an verschiedenen Meßorten direkt in den Kühlladeräumen abzulesen. Sie werden mit den anderen Daten mit der Uhrzeit im Journal festgehalten.
Mit einer Taschenlampe tastet sich der Assi in den finsteren Kontrollgängen zwischen den Bananenkartons zu den Thermometern vor. So kommt man wenigstens während der Wache ein paarmal über Deck und kann — natürlich etwas länger als erforderlich — frische Luft schnappen. Das hatte ich in einem Fall auch besonders nötig:
In Gedanken an all das giftige Viehzeug, das möglicherweise in den Laderäumen auf einen lauert, stoße ich im Kontrollgang tatsächlich an einen weichen, von der Decke baumelnden Körper, der daraufhin zu Boden

plumpst. Ohne den Lampenkegel zurückzuschwenken, bin ich mit wenigen Sätzen an der Leiter und entere zum Ausgang hoch. Erst von dort leuchte ich den Ort ab, wo mich die Bananenschlange attackiert hat. Es war — vermutlich von jemand anderem hinterlistig arrangiert — ein lose aufgehängter Tampen.

An der Bananenfahrt und dem exotischen Güterumschlag im Rio Guayas und auf anderen Flußreeden hat sich bis heute nichts geändert — aber es gibt keine bundesdeutsche Kühlschiff-Flotte mehr. 1978 verkauft Bruns seine Flotte nach Monrovia, kurz darauf trennen sich auch die Reedereien Schuldt und Laeisz von ihren Reefer. Die Hamburg-Süd veräußert die eleganten Schiffe der Polar-Serie, und Frigomaris flaggt seine Einheiten nach Panama aus. Anfang 1981 übernimmt ein dänischer Reeder von Scipio, Bremen, die beiden letzten bundesdeutschen Kühlschiffe — die „Blumenthal" und „Bremerhaven".

An den Fruchtschuppen von Hamburg und Bremen machen freilich immer noch weiße Schiffe mit yachtähnlich gebauten Rümpfen fest. Aber es sind Bananenjager unter fremden Flaggen oder ausgeflaggte Schiffe, die nach dem Verkauf zurückgechartert wurden.

Die hohen Personal- und Bunkerkosten haben diese Entwicklung verursacht. Außerhalb der Kühlschiffahrt ist man vielfach dazu übergegangen, einfach die Dienstgeschwindigkeiten zu drosseln, um auf diese Art Treibstoff zu sparen. Diese Maßnahme ist bei leicht verderblicher Ladung begreiflicherweise ausgeschlossen, denn ein Bananenjager mußte damals schon mindestens 16 Knoten laufen.

Zwischenzeitlich werden in der Bananenfahrt — etwa seit 1970 — auch Kühlcontainerschiffe eingesetzt. Die Schiffskühlanlage versorgt hier im Laderaum die bis zu neunfach gestapelten Isoliercontainer mit Kühlluft. Doch auch der technische Fortschritt konnte nicht verhindern, daß mithin die eleganteste und schnittigste Schiffsgattung aus der bundesdeutschen Handelsflotte allmählich verschwand.

In der langen Atlantikdünung holt der tief abgeladene Bananenjager weit über. Mit über 20 Knoten geht es binnen 16 Tagen nonstop von Südamerika nach Hamburg.

Der Verfasser im Sommer 1967 an Bord des Stückgutfrachters „Erlangen“, der in HAPAG-Farben fuhr. Das Schiff verkehrte regelmäßig zwischen Hamburg und der US-Westküste und versah den Pazifik-Inseldienst.

Die „Erlangen“, bis zur Lademarke mit Schwer- und Stückgut abgeladen, an der Pier in Le Havre. Der HAPAG-Liner nahm ferner bis zu 16 Passagiere mit.

Frauen an Bord

Was Seeleute über Frauen an Bord erzählen, glaubt an Land doch niemand. Ist das der Grund, weshalb in der unüberschaubaren Literatur über die Seefahrt so wenig darüber geschrieben wird? Oder weil die oft sehr anrüchigen Amouren nicht zur christlichen Seefahrt passen? Dann dürfte freilich auch nicht über die Piraterie oder über den Aberglauben der Seefahrer berichtet werden.

Überhaupt: Warum, zum Teufel, etwas tabuisieren, mit dem der Seemann sich täglich zumindest in Gedanken auseinandersetzt, das in jedem Logis mithin zum ersten Thema gehört und das auch in praxi mit dem Leben eines Seefahrers unabdingbar verquickt ist?

Gewiß, anständig ist das Thema keineswegs, denn Huren spielen dabei eine größere Rolle als tugendhafte Damen. Und damit sind wir schon mittendrin.

Erinnern wir uns an die Bananenfahrt nach Guayaquil: Kaum war die Einklarierung erledigt, trieb es die halbe Crew an Land — noch ehe das Schiff zum Bananenladeplatz verholte.

Gemeinsamer Treffpunkt war nicht etwa eine Bar oder irgendein Animierschuppen, in dem man erst mal die Lage peilte, ein paar exotische Frauen mit Drinks verwöhnte und dann allmählich zur Sache kam. O nein, jeder Dampfer hatte so sein Stammhaus, in dem man sich ganz professionell auf den erwarteten Besuch einstellte. Kurzum — man traf sich im Puff. Und davon gibt es an jedem südamerikanischen Hafenplatz gleich Dutzende.

Wer das Elend in den Hütten-Vororten der Städte je gesehen hat, meint leicht zu verstehen, was viele Frauen oft schon im Kindesalter ins horizontale Gewerbe treibt. Ob sie wirklich nur der Not gehorchen? Denn in den meisten Häusern ist nichts, aber auch gar nichts von der kaltschnäuzigen, durch und durch profitgierigen Atmosphäre europäischer

Bordelle zu spüren. Eine freudige, ja herzliche Stimmung stellt sich spontan ein, wenn eine bekannte Crew ihre Aufwartung macht. Längst hat sich herumgesprochen, welcher Dampfer gerade eingelaufen ist.
Man begrüßt sich wie alte Bekannte, auf deren Wiedersehen sich alle freuen, dann werden die Geschenke überreicht, neue Gesichter vorgestellt, zusammen angestoßen, und dann geht's Arm in Arm ab nach oben. Wen stört's, wenn die Trennwände nur aus Pappe oder Schilf bestehen, gerade mannshoch sind oder durch die handbreiten Spalten mal jemand zuguckt.
Hier schleicht niemand verstohlen in die Hauseingänge, fragt verklemmt nach dem Tarif und stiehlt sich nach einem frustrierenden Shorttimer wieder heim. Hier peilt Janmaat den Puff geradewegs im Eilschritt an und begrüßt die Anwesenden mit freudigem Hallo. Als käme er in seine Stammkneipe. Von wegen schnell einen Törn durch die Matrazen machen und dann nichts wie raus . . . Das wäre unverzeihlich. Man gehört schließlich zur Familie. Und das bedeutet, daß der Besuch auch so lange zu dauern hat, bis einen die Pflicht wieder an Bord ruft.
Bei diesen Landgängen wird in der Regel gesoffen, was das Zeug hält. Dazwischen geht's immer wieder mal nach oben, und wenn nichts mehr geht — sei es physisch oder finanziell —, dann ist das auch nicht schlimm. Aber einfach kommen und schnell seine gestaute Libido ablaichen, das ist geradezu unanständig. Ein solcher Caballero braucht sich gar nicht mehr blicken zu lassen, selbst wenn er mit Dollars um sich schmeißt.
Je rückständiger das Nest, in dem der Dampfer festmacht, desto strikter sind die ungeschriebenen Regeln einzuhalten. Das hat natürlich Schattenseiten: Verhütungsmittel sind verpönt, ja eine beleidigende Zumutung, und wenn Hein Seemann darauf pocht, wird er im ganzen Viertel zum Gespött der Frauen.
Wen wundert's, daß auf jedem Schiff, das Südamerika verläßt, die halbe Crew infiziert ist. Auf den Bananendampfern aus Ecuador hat der zweite Offizier — er ist normalerweise für die Ambulanz zuständig — am dritten Auslauftag immer viel zu tun: Ab dem Panamakanal etwa kommen die Matrosen gleich reihenweise zu ihm, um sich die Spritze abzuholen.
Und noch eine Merkwürdigkeit: Von einem Mann, der auf sich hält, erwarten die Einheimischen, daß er lange Hosen und geschlossene Halbschuhe trägt. Sandalen an den Füßen werden unweigerlich so gedeutet,

daß der Träger homosexuell veranlagt sei. Sandalen an den Füßen sind schlimmer als barfuß, und im letzten Kaff laufen einem die Kinder spöttisch hinterher, traut man sich mit offenen Schlappen auf die Straße.
Zwischen den willigen Frauen in Südamerika und den leichten Mädchen hierzulande klaffen Welten. Welten, die überhaupt nicht vergleichbar sind. Die freie Sexualität gehört dort zum aktiven Leben wie die Mahlzeiten und der Kirchgang. Sie resultiert aus der Naivität der einfachen Menschen und — dem unvorstellbaren Temperament. Ein Temperament, das den Europäer, der nicht darauf gefaßt ist, einfach umhaut, ja bisweilen an seiner Männlichkeit zweifeln läßt. Denn hier zählen nicht Ausdauer und Technik, sondern die Fähigkeit zu wiederholen . . .
Das Temperament der lateinamerikanischen Frauen wird „ausgelebt". Der häufige Partnerwechsel findet keine so harte moralische Verurteilung wie bei uns. Zwischen den Profis in den unzähligen Bordellen und den Hausfrauen liegt eine Grauzone mit fließenden Übergängen. Belege dafür gibt es etliche: Ein hellhäutiger Europäer, erst recht wenn er blonde Haare und gar blaue Augen hat, findet rasch eine Gefährtin auf Dauer, die es partout darauf anlegt, Nachwuchs von so einem Vater zu bekommen. Da ist das Geld plötzlich zweitrangig, und selbst im Puff kann einem das passieren.
Solch abenteuerliche Liaisonen sind nicht selten. Mancher Seemann hat seine feste Bindung, selbst wenn er nur alle Monate lang in den jeweiligen Hafen kommt — aber solange das Schiff dort festliegt, ist die Verbindung unauflöslich. Einmal fremdgehen, und der Mann wäre von allen Frauen des Dorfes geächtet.
Ein Trost für diejenigen, die gelegentlich achteraus segeln oder gesackt wurden: Sie denken gar nicht daran, auf eigene Kosten nach Hause zu fliegen — was die meisten sowieso finanziell ruinieren würde —, sondern bleiben gleich in der Obhut eines warmen Busens, bis ein Schiff aus der Heimat vorbeikommt und den Überfälligen aufpickt. Wenn ihn die Behörden nicht vorher erwischen und kurzerhand abschieben.
Als Deutscher ist ein solcher Unterschlupf in Südamerika ohnehin kein Problem, denn Deutsche sind ungleich beliebter als die Gringos aus den Staaten. Nur: Nicht überall sind die Frauen so attraktiv wie in Brasilien und in der Karibik, und mancher Seemann in der geschilderten Situation würde nach einer Woche sein primitives Bett lieber mit einem Skunk als mit der dicken Mestizin teilen, die ihm zwar unentgeltlich Logie gewährt, aber unersättlich nach Liebe hungert.

Am beliebtesten sind daher die Reisen nach Brasilien. Dort sind die Frauen ausnehmend hübsch und auch koketter als in den pazifischen Küstenländern des Kontinents, wo keine vergleichbare Rassenvermischung stattgefunden hat.
Warum, fragt vielleicht der Leser jetzt, heißt das Kapitel „Frauen an Bord“ und nicht „. . . an Land“? Gemach, denn die Ereignisse an Bord holen uns gleich ein. In Südamerika, übrigens auch in Afrika, achtet die Schiffsleitung im Komplott mit den Hafenbehörden ohnehin darauf, daß keine Frauen an Bord kommen. Die Crew soll sich ihr Plaisir gefälligst an Land suchen; sie braucht schließlich in keinem Hafen weit zu gehen und hat sowieso meist ihre Stamm-Etablissements.
Es klingt etwas unglaubhaft, aber es ist in der Tat so: In europäischen Häfen und in den Staaten spielt sich das Liebesleben mehr an Bord ab. In vielen Ländern sind Bordelle schließlich untersagt. Doch ein rechter Seemann hat seine privaten Drähte. Er muß nur rechtzeitig durchkabeln, wann sein Schiff an der Pier liegt. Dann steigt Emma zu. Und fährt auch mal tagelang mit. Der Koch wird informiert und serviert fortan einen Schlag mehr.
Besonders „Dänemark-Rundreisen“ waren sehr beliebt: Emma steigt in Kopenhagen zu, fährt mit nach Aarhus, dann via Aalborg rüber nach Göteborg und steigt am dritten oder vierten Tag wieder aus in Helsingör. Während Emma schnell den Bus nach Kopenhagen nimmt, zieht der Dampfer heim zum Kiel-Kanal. So muß man sich das etwa vorstellen.
Nicht jede Emma verhält sich dabei monogam. Nein, es gibt besonders sozial veranlagte Geschöpfe darunter, die ein erstaunliches Standvermögen haben: Während die Crew nach jeder Wache frei hat, ist manche Emma oft rund um die Uhr im Dienst – mal liegt sie oben und mal unten. Nämlich in der Koje, die gerade belegt ist und Bedarf hat. Diese Dienstleistung zersetzt keineswegs die Moral an Bord – im Gegenteil. Man arbeitet gewissenhaft und teilt die Freuden.
Bezahlt wird der Service nicht immer in Devisen: In Schweden und Finnland ist das Zahlungsmittel oft der Schnaps, den Emma gewinnbringend an Land verhökert. Und auch das ist nicht gelogen: Es gibt auch ganz bürgerliche Mädchen, die beim Kümo an das Bulleye klopfen und scheu nach Whisky fragen. An Bord kommen sie selten; sie laden vielmehr selbst zur Party nach Hause ein, die mit Gänsewein allein eben keine rechte Party ist.

Frauen an Bord — das kann sich für die Schiffsleitung zu einem kniffligen Problem entwickeln. Soll sie es tolerieren oder strikt verweigern? Bei den großen Nobel-Reedereien duldet kein Kapitän, daß ein Crew-Mitglied seine Koje doppelt belegt. Dort sind Disziplin und Hierarchie derart ausgeprägt, daß ein Assi in der Freiwache nicht mal mit seinem Wachoffizier ein Bier zusammen trinkt.

Auf anderen Schiffen ist es dem Alten nicht selten schnurzegal, wer sich mit wem in der Koje wälzt — nach der Devise „Dienst ist Dienst und Sex ist Sex". Hauptsache, die Mannschaft arbeitet zuverlässig und verlottert nicht. Das kann gutgehen oder nicht.

Die häufigste Praxis bestand sicher darin, „Damenbesuche" offiziell zu untersagen, aber sie inoffiziell zu dulden. Solange sich niemand beschwert und der Wachdienst nicht darunter leidet, soll die Crew ihre Orgien feiern, wie sie dazu aufgelegt ist. Das wird dann freilich zum Gewohnheitsrecht und ist nie mehr zu widerrufen — es sei denn, man feuert die ganze Gang im nächsten Hafen. Doch welcher Schiffspatron kann sich das erlauben?

Auf der Linienfahrt im US-Golf ist mir so eine Episode widerfahren: Im ersten Löschhafen, Tampa, steigt eine kurzberockte Gestalt die Gangway hinauf, kaum liegt das Schiff an seiner Stammpier. Die Schickse kennt den Zossen samt Crew genau — und auch die Route: Alle sechs Wochen Ankunft in Tampa, von dort via Mobile nach New Orleans, dann nach Houston und nochmals Tampa, ehe das Schiff mit einer Ladung Phosphat den Kontinent wieder verläßt. In der Mannschaftsrolle ist eine Dame namens Jenny nirgendwo festgehalten, gleichwohl hat sie seit etlichen Reisen eine feste Koje und einen Platz in der Messe — für die vier bis fünf Tage eben, in denen unser Schiff auf Rundreise im Golf ist.

Die Koje hat Jenny ausgerechnet — in der Assi-Kammer! Meinen Kollegen mag sie halt am liebsten, und er hatte auf früheren Reisen die Kammer allein. Er wiederum erwidert Jennys Liebe so sehr, daß er nichts dagegen hat, wenn sie sich — während er Wache geht — Ersatz aus dem Mannschaftslogis holt. In der Kammer herrscht jedenfalls Highlife — egal, ob ich Wache habe oder selber schlafen will. Entweder ist die Bude voll mit Kerlen, Jenny halbnackt mittendrin, meist auf dem Tisch — oder die Decke über meiner Koje vibriert so, als ob die Hauptmaschine nur auf fünf Zylindern läuft.

Übernächtigt und verdrossen schnapp ich Jenny am zweiten Tag in einer

Assi-Kollegen des Verfassers während der Freiwache. Nicht selten mußten die Ingenieuraspiranten freilich zutörnen — das heißt, unbezahlte Überstunden leisten.

„Verkehrspause" und schmeiß sie kurzerhand von Bord. So geschehen in Mobile. Umsonst, denn nach meiner Abendwache — das Auslaufen hat sich verzögert — ist die alte Runde wieder froh vereint. Zusammen mit dem Dritten von Deck, dem Jenny offenbar auch gefällt. Ich gehe zum Ersten, und der muß jetzt handeln: Jenny kriegt eine Pulle Bacardi zum Abschied, dazu ein paar Dollars auf die Kralle, dann darf sie endgültig mit ihrem Täschchen die Gangway runtertippeln, die gleich danach wie eine Zugbrücke angehievt wird.
Kurz darauf gehen wir in See, und für mich beginnt ein Fahrtabschnitt, auf dem ich Jenny zurückwünschte, selbst wenn sie noch eine Freundin mitbrächte. Denn zuerst fliegt mir ein Hammerstiel ins Kreuz, dann will keiner meine Wache mehr abnehmen, und dann gibt's noch eine Keilerei, als ich im nächsten Hafen an Land will.
Wo ich auftauche, drohende Gebärden und das Versprechen, mich im Hafenwasser zu ertränken, wenn ich einen Fuß von Bord setze. Man beschattet mich regelrecht, und ich bewege mich tagelang nur zwischen Kammer, Maschine und dem Schornsteindeck, um wenigstens von dort oben frische Luft zu schnappen. Aus ist es mit dem Landgang in New Orleans, dem Wunschhafen dieser Reise.
Ich sehe den Mississippi nur vom Schornstein aus und von der Stadt nur die Silhouette, wenn der Nebel am späten Vormittag plötzlich über dem Strom aufreißt. Ich sehe überhaupt kein Land mehr auf dieser Reise. Ich habe der Crew das Spielzeug weggenommen, ergo nimmt sie mir etwas Gleichwertiges weg. Auge um Auge ... das ist ein ungeschriebenes Gesetz, unnachgiebig und oft gewaltsam vollzogen.
Auf der Heimreise ist der Groll jäh verflogen, und man lenzt sein Bier wieder gemeinsam, als ob nichts gewesen wäre. Und auf der nächsten Reise steht Jenny wieder an der Pier ...
Frauen an Bord, wohlverstanden nur eine gewisse Spezies — das bedeutete mithin orgiastische Szenen, gewaltsame Auseinandersetzungen, aber auch groteske Situationen, über die man herzlich lachen konnte. Der Leser, der aus diesem Kapitel noch nicht entrüstet ausgestiegen ist, wird sicher auch die letzte Story noch erfahren wollen:
Liegt ein Schiff im tiefen finnischen Winter im Eis auf der Reede von Rauma. Über eine hohe Leiter, so wie man sie an Land zum Kirschenpflücken nimmt, geht die Freiwache von Bord. Derweil kraxelt Jennys finnische Kollegin über die Schollen raus zum Schiff und entert gekonnt die schmale Leiter hoch. Natürlich nicht unerwartet: Oben empfängt sie

lüstern eine vertraute Gestalt, die sie flugs in die Kammer schleust. Dort ist die Koje eines Urlaubers für die nächsten zwei Tage frei. Was liegt also näher, als Emma dort rein zu verfrachten, wenn es mal zu eng ist.
Während seiner Freiwache ist unser Freund nunmehr kaum zu sehen, weil in seiner Kammer sehr beschäftigt. Hin und wieder holt er beim Koch eine zusätzliche Mahlzeit ab. Seine Freundin spricht indessen immer mehr dem Whisky zu, den sie an Land — weil dort schier unerschwinglich — so vermißt. Am zweiten Tag ist sie derart haubitzenvoll, daß daraus unverhofft ein Problem entsteht:
Wie nur, verflixt, schafft man die Frau von Bord, ohne daß sie von der Leiter fällt? Mit einem Tampen unterhalb der fülligen Oberweite kann eigentlich nichts passieren. Aber da fängt Emma an zu randalieren ...
Also hilft nur eines: dem Chief Mate die Lage beichten — vermutlich weiß er von dem Besuch sowieso — und einen Ladebaum klarieren. Ein Netzbrook aus einer früheren Kaffeefahrt ist im Kabelgatt noch aufzutreiben. Ehe sich Emma versieht, zappelt sie samt Täschlein, Pelz und anderen Klamotten im Netz. Dann heißt es kurz „hol über", und Emma wird außenbords gefiert. Fürwahr eine skurrile Szene wie aus einem Fellini-Film. Niemand von den Offizieren guckt, obgleich Emma wie besessen kreischt, denn wer zuviel sieht, trägt nur Verantwortung.
Trotz diesem gelungenen Löschmanöver kommt Emmas Liebhaber nicht ohne ein blaues Auge davon: Als der Urlauber, mit dem er die Kammer teilt, früher als erwartet eintrifft, ist dessen Kojenzeug noch warm und zerwühlt. Obendrein stellt sich heraus, daß Emma eine schwache Blase hatte. Die Keilerei ist also programmiert. Die Dresche steht unserem Freund noch tagelang im Gesicht, derweil alles über die Geschichte mit der untervermieteten Koje feixt.
Alles Seemannsgarn? Keineswegs — wer lange genug zur See fuhr, kann noch ganz anderes erzählen. Wir wollen dem geneigten Leser aber nicht den Appetit verderben. Das war und ist die Seefahrt eben auch. Sicher häuften sich diese Begleiterscheinungen früher mehr als heute — einmal durch die längeren Hafen-Liegezeiten, andererseits auch bedingt durch die ungleich höhere Bemannung. Zählte die Crew eines Standardfrachters mittlerer Größe etwa fünfunddreißig Köpfe, so zählt sie heute kaum mehr ein Dutzend.

Um nicht ganz ins Schußfeld von Frauenrechtlerinnen zu geraten, bleibt dem Chronisten noch anzumerken:

Es gibt auch kreuzbrave Ehefrauen, die ihren seefahrenden Mann gelegentlich eine Reise lang begleiten. Falls jemand von ihnen dieses Buch in die Hand bekommt, mögen sie beruhigt zur Kenntnis nehmen, daß solche „Freudenschiffe" wie geschildert nicht die Regel, sondern Ausnahmen sind. Ausnahmen freilich, die jede Vorstellung sprengen, die selbst phantasiereiche Landbewohner von gewissen Bordfesten haben.

In den Morgenstunden bietet der Hafen von New Orleans oft ein gespenstisches Bild: Beginnt der Nebel zu weichen, wagen die ersten Fähren die Passage über den meilenbreiten Mississippi.

Die letzten Steamer

Ein weißes Motorkühlschiff und ein schwarzer Dampfer — kann sich ein Shiplover einen größeren Kontrast vorstellen?
Und seltsam: Von dem schwarzen, angerosteten Steamer geht eine größere — geradezu metaphysische — Anziehungskraft aus als von dem eleganten Reefer. So ein Schiff weckt spontan Vorstellungen an ferne Abenteuer, wie sie Joseph Conrad schilderte, und — an B. Travens „Totenschiff".
Gewiß ist diese Empfindung subjektiv und vielleicht auch romantisch überzeichnet; jedenfalls empfand ich diese Anziehungskraft, als ich als Assi auf einem der letzten Dampfer unter bundesdeutscher Flagge musterte. Das war 1966. Abenteuerlich waren die Reisen nicht gerade, denn die „E. Russ" — so hieß das Schiff — fuhr Langholz von Finnland nach England. Abenteuerlich war eher der Umgang mit der betagten Kolbendampfmaschine, weshalb sich dieses Kapitel darauf konzentriert.
Beleuchten wir aber zunächst die kurze Geschichte der Dampfschiffahrt in der Nachkriegszeit. Denn wer weiß schon, daß noch mitten in den 50ern auf bundesdeutschen Werften Frachter mit Dampfmaschinen ausgerüstet wurden? Hatte doch schon vor dem Zweiten Weltkrieg das Motorschiff den Dampfer in großem Maße verdrängt.
Dann erlebte die alte Kolbendampfmaschine — zuerst in den USA und während des Krieges — plötzlich einen zweiten Frühling: Rund 2700 Liberty-Schiffe wurden innerhalb von nur drei Jahren auf amerikanischen Werften gebaut und mit Kolbendampfmaschinen ausgerüstet. Bauzeit pro Schiff: etwa 90 Tage. Die legendären Serienfrachter mit je 10 000 t Tragfähigkeit beförderten in Geleitzügen Kriegs- und Versorgungsgüter über den Atlantik und beeinflußten den Kriegsausgang nicht unerheblich.
Den Werften blieb damals keine andere Wahl, als auf die unwirtschaft-

Dampfer „E. Russ" in der Schleuse von Brunsbüttel. Typisch für den Baltic-Frachter: die weit vorn und achtern stehenden Doppelmasten, mit Ladebäumen für die Holzfracht getakelt. Fuhr der Dampfer Deckslast, glich er einem schwimmenden Sägewerk.

liche Dampfmaschine zurückzugreifen, denn für fortschrittliche Turbinen, Dieselmotoren und Getriebe in der notwendigen Stückzahl reichten auch in Amerika die vorhandenen Produktionsstätten bei weitem nicht aus.

Eine ähnliche Situation bot sich den Werften nach Kriegsende in Deutschland, als die Kolbendampfmaschine ihren dritten — weitaus schwächeren — Frühling durcheilte. Die Werften und Zulieferbetriebe waren größtenteils zerstört oder demontiert; bis 1948 durften gar keine Schiffe gebaut oder gekauft werden.

Die Militärregierung genehmigte vorerst den Bau von 100 Fischdampfern, um die Ernährungslage der Bevölkerung zu verbessern. Die Schiffe waren einfachster Konstruktion und hatten kohlebefeuerte Dampfmaschinen.

Erst 1949 trat die erhoffte Wende ein. Die Kontraktbedingungen erlaubten den Werften zunächst den Bau von Frachtern bis 1500 BRT und elf Knoten Spitzengeschwindigkeit. Sie gingen als „Potsdam-Dampfer" in die deutsche Schiffahrtsgeschichte ein. Die Werftbetriebe hatten sich aber insgeheim auf die Kiellegung neuer Schiffe schon vorbereitet.

Ab 1950 durften Schiffe bis 2700 BRT gefertigt werden, kurz darauf bis 7200 BRT. Erst 1952 fielen die letzten Beschränkungen.

Der Wiederaufbau der Handelsflotte begann in Etappen und mit den alten Strukturen und Fertigungsmethoden. Im Bereich Maschinenbau waren die Gießereien gut beschäftigt, weil Gießen einfacher war als Zerspanen und keine teuren Werkzeugmaschinen erforderte. Das erklärt auch den Einsatz überlieferter Antriebsmaschinen: Der Bau von zuverlässigen, langsamdrehenden Dampfmaschinen war aus wenigen Komponenten mit relativ geringer Präzision möglich. Rund 200 Jahre nach ihrer Erfindung hatte die Dampfmaschine zwar einen hohen Entwicklungsstand erreicht; gleichwohl bevorzugten die Werften in Ermangelung von Präzisionsmaschinen einfachste Konstruktionen.

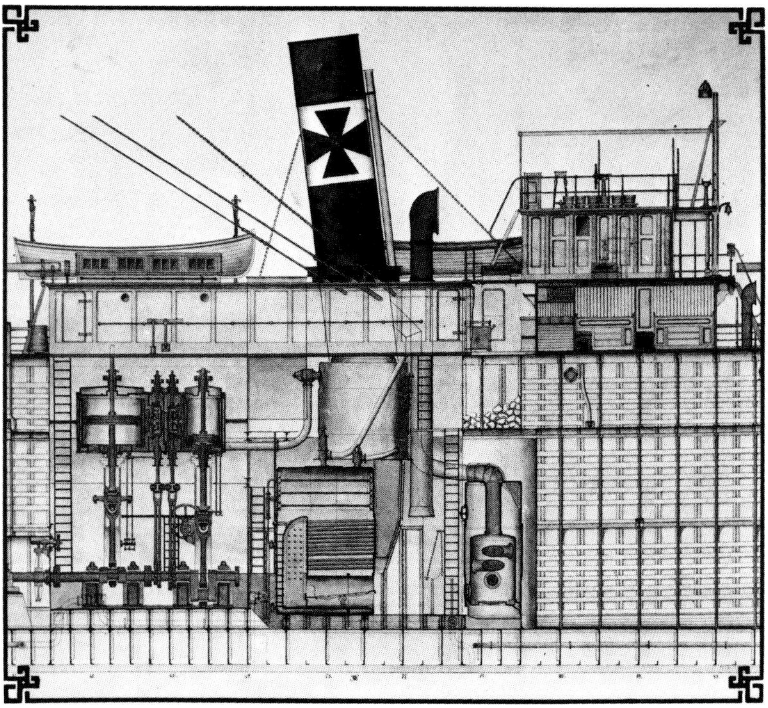

Schnitt durch die Mittschiffssektion eines klassischen Dampfers mit Zweifach-Expansionsmaschine. Rechts neben dem Maschinenraum liegt der abgeschottete Kesselraum mit den Rauchgaszügen, die in den Schornstein münden.

Bis etwa 1956 wurden in der Bundesrepublik — vor allem in Lübeck und Flensburg — klassische Dampfer in der Form des heute veralteten Shelterdeckers gebaut. Es waren freilich keine Kohlenbrenner mehr, auf denen Heizer und Trimmer — die sogenannte schwarze Gang — in den Kesselräumen halbnackt wie Galeerensklaven schufteten; fast alle Damp-

Stehende Schiffsdampfmaschine mit Hoch-, Mittel- und Niederdruckzylinder. Mit dem großen Handrad (rechts) betätigt der Maschinist das Hauptdampfventil.

Bei der Kolbendampfmaschine liegt der ganze Kurbeltrieb frei. Ganz rechts eine Schubstange mit dem Kreuzkopf, daneben zwei Maschinenständer und das Hauptdampfventil.

fer waren mit Ölfeuerungen und sogar einer Abdampfturbine ausgerüstet.

Noch 1965 waren in der bundesdeutschen Handelsmarine rund 40 Dampfer über 1000 BRT im Dienst. Der letzte Steamer unter der schwarz-rot-goldenen Flagge, die „Venus" ex „Birknack", wurde erst 1973 abgewrackt.

Sie starben langsam, die schwarzen Veteranen. Viele wurden ins Ausland verkauft und liefen noch jahrelang unter exotischen Schornsteinmarken. Das unterstreicht die Robustheit und Zuverlässigkeit der primitiven Kolbendampfmaschine. Auch die erwähnten Liberties verschwanden erst nach 1970 von den Weltmeeren, weil sie die altersbedingten Versicherungsgrenzen erreichten.

Aber wir wollen uns weniger mit der Schiffbaugeschichte befassen —

darüber gibt es hinreichend Literatur —, sondern uns an Bord eines typischen Potsdam-Dampfers umschauen:
Die „E. Russ“, 1949 bei Howaldt in Hamburg gebaut, ist ein Baltic-Frachter, hauptsächlich für Holztransporte in der Nord- und Ostsee konstruiert. Charakteristisch für diesen Frachtertyp ist jeweils ein Doppelmast vorne auf der Back und hinten auf der Poop, getakelt mit Leichtgut-Ladebäumen. Die weit auseinanderstehenden Masten erlauben das Mitführen von Langholz auf Deck. Voll beladen sieht die „E. Russ“ aus wie ein schwimmendes Sägewerk. Die Crew zählt 22 Mann — mehr als heute ein moderner Supertanker fährt.
Das 90 m lange Schiff hat einen eisverstärkten Rumpf und trägt 2850 tdw. Es läuft unter Volldampf 11,5 Knoten. Der Antrieb besteht aus zwei baugleichen Lentz-Einheitsdampfmaschinen mit zweifacher Expansion: Der mit 16 bar bei 325 °C hochgespannte Dampf gibt zunächst einen Teil seiner Energie im Hochdruckzylinder und anschließend den Rest im Niederdruckzylinder ab.

Die Potsdam-Dampfer hatten in der Regel eine 220 V-Gleichstromanlage. Das Ladegeschirr war jedoch mit Dampfwinschen ausgerüstet. Bei Winschenbetrieb mußte sie der Assi alle zwei Stunden abschmieren.

Zum Vergleich: In den 70ern werden Turbinenschiffe gebaut, deren Kessel 75 bar und eine Dampftemperatur von über 500 °C erzeugen.

Beide Zylinder haben aufgrund der Expansion des Dampfes unterschiedliche Durchmesser. Die scheibenförmigen Kolben aus Gußeisen werden wechselnd von oben und von unten mit Dampf beaufschlagt.
Bei den weitverbreiteten Lentz-Maschinen Woolfscher Bauart bewegen sich beide Kolben synchron in eine Richtung und erreichen so gleichzeitig ihre Totpunkte. Das Anfahren ist also nicht in jeder Position der Kurbelwelle möglich. Dem helfen die Schiffskonstrukteure ab, indem sie zwei Lentz-Maschinen auf eine Kurbelwelle mit rechtwinklig versetzter Kröpfung wirken lassen. Längst gibt es sogenannte Receivermaschinen, deren Kolben sich nicht phasengleich bewegen und daher jederzeit anfahrbereit sind. Ihre Konstruktion und Fertigung sind aber deutlich komplizierter und waren für die damaligen Verhältnisse uninteressant.
Die typische Lentz-Dampfmaschine besteht also aus zwei Antriebseinheiten mit je einem Hochdruck- und einem Niederdruckzylinder. Nachgeschaltet ist eine Abdampfturbine. Die gemeinsame Kurbelwelle lagert in gewöhnlichen Stehlagern und setzt das Drehmoment über die Propellerwelle bei max. 100 U/min. in Schub um. Damit die Ingenieure die Bewegung des Kurbeltriebes sehen können, sind die Zwischenräume zwischen den A-förmigen Maschinengestellen offen. Die Antriebsleistung dieser Maschinen beträgt gewöhnlich 1200 PS, wobei die Abdampfturbine allein 350 PS bringt.
In nördlichen Breiten ist das Leben auf dem Dampfer auch unter Deck nicht unangenehm. Wenn die Reise allerdings in die Tropen geht, machen Maschinenraumtemperaturen von 50 °C und mehr jede Wache zum Alptraum. Auch wenn keine Bunkerkohle mehr, sondern Schweröl unter den Kesseln flackert. Heizer gibt es auf der „E. Russ“ auch weiterhin; ihre Tätigkeit konzentriert sich aber auf die Überwachung der vier Schwerölbrenner und des Wasserstandes sowie das stündliche Auswechseln und Reinigen der Brennerdüsen.
Vielfach werden auf den Nachkriegsdampfern zwei Großwasserraumkessel mit je zwei Flammrohren gefahren. Bei dieser — auch Zylinderkessel genannten — Konstruktion befindet sich das Wasser im Mantelraum und wird wie bei den Dampflokomotiven durch Rauchrohre erwärmt. Der Dampf bildet sich im Dampfdom und gelangt von dort in die Überhitzerrohre. Umgekehrt ist es bei den selteneren Wasserrohr-

Bei der Werftüberholung im Schwimmdock wird die genietete „E. Russ" auf Bodenschäden untersucht. Schadhafte oder — nach einer Eisfahrt — abgeschliffene Nieten werden ersetzt und stellenweise ganze Stahlplatten eingeschweißt. Dann folgen zwei Bodenanstriche.

Die „Helga Russ", ein Standardfrachter der 50er Jahre für die Papier- und Paketholzfahrt in der Nord- und Ostsee. Eine Ladung Papierrollen aus Finnland reichte für etwa 20 Ausgaben einer größeren Tageszeitung.

kesseln, bei denen das Wasser in Rohren zirkuliert und von außen durch die Rauchgase erwärmt wird. Sie sind teurer herzustellen, dafür sicherer. Ein Vorteil des Großwasserraumkessels: Sein beträchtlicher Wasserinhalt erlaubt über kurze Zeit eine größere Dampfentnahme, als es die Feuerleistung eigentlich zuläßt.

Die Speicherfähigkeit gilt als wichtige Eigenschaft für einen Schiffskessel. Der Nachteil des Zylinderkessel: die lange Anheizzeit bis zu acht Stunden und eine relativ hohe Explosionsgefahr, beides durch das große Wasservolumen bedingt. Die späteren Kessel auf den Turbinenschiffen sind ganz anders konstruiert und haben einen relativ geringen Wasserinhalt.

Eine höchst lästige Arbeit für den Heizer oder den Maschinenassistenten ist das Rußblasen: Diese Maßnahme dient zur Sauberhaltung der Heizflächen bei vollem Kesselbetrieb. Man muß sich hierfür zwischen den beiden Kesseln zum jeweiligen Rußbläser am Kesselende hindurchzwängen. Diese Vorrichtung arbeitet mit Heißdampf und erzeugt einen Höllenlärm, während man — schweißgebadet und im Lichtkegel der Taschenlampe — mit dem Kettenrad die Dampfventile betätigt.

Um so entspannender sind die Freiwachen: Die Dampfmaschine erzeugt keinen solchen Lärm wie ein Dieselmotor, und während der Liegezeiten im Hafen ist nachts ausgesprochene Ruhe im Schiff. Lediglich die Speisewasserpumpe zischt gemütlich wie bei einer stehenden Dampflokomotive, und in den Rohrleitungen knackt es unregelmäßig. In Betrieb ist dann auch nur eine Feuerung pro Kessel. Die Kessel werden warm gehalten, damit sie nicht einsacken und ihre Maße verändern und möglicherweise leckspringen.
Im Maschinenraum sind die wichtigsten Aufgaben das Schmieren der zahllosen Lager, Kolbenstangen, Kreuzköpfe, Gleitbahnen, Exzenter usw. Eine moderne Zentralschmierung gibt es nicht, dafür eine Fülle an Schmierlöchern, Dochtölern, Nippeln, Schmierköpfen, Staufferbuchsen usw. Außerdem sind nicht nur eine Hauptmaschine zu warten, sondern zusätzlich ein Dutzend kleiner Dampfmaschinen für den Antrieb der Pumpen, der Generatoren für die Gleichstromversorgung und der Winschen auf Deck. Bei Lade- oder Löschbetrieb sind die Dampfwinschen alle zwei Stunden abzuschmieren.
Wichtiger als auf dem Motorschiff ist das periodische Abfühlen der Lager, denn es gibt wenig Thermometer, geschweige denn Fernanzeigen mit Alarmeinrichtungen. Dieses Fühlen spielt sich teilweise unter abenteuerlichen Umständen ab:
Beispielsweise sind die Kurbelzapfen in voller Bewegung abzutasten. Dazu ist es erforderlich, mit den Fingerspitzen — den Daumen nach unten — auf den Grund der Wellenkröpfung hineinzufühlen. Man imitiert zunächst mit dem Arm die Bewegung der umlaufenden Kurbel und stößt dann im richtigen Moment die Fingerspitzen in die Kröpfung. Nur so kann man eventuell heißlaufende Lager rechtzeitig erkennen.
Eine Idee gefährlicher ist das Abtasten der Gleitbahnen:
Mit der vollen Handfläche müssen sie mehrmals pro Wache abgetastet werden; einmal um die Temperatur zu fühlen, dann um festzustellen, ob der Schmierfilm Metallabrieb enthält. Dieses blitzschnelle Abtasten kann freilich nur geschehen, wenn sich der Kreuzkopf nach oben bewegt und den unteren Teil der Gleitbahn für einen Sekundenbruchteil freigibt. Selbstredend, daß der Assi nicht seinen Kopf in die Reichweite des zentnerschweren auf- und niedersausenden Kreuzkopfes bringen darf.
Und es ist kein Seemannsgarn, daß sich verwegene Maschinisten auf ein Kurbellager stellen und ganze Umdrehungen „mitfahren“.

Die doppelwirkenden Kolben machen geradlinig geführte Kolbenstangen erforderlich. Ihre Führung und Verbindung mit den schwingenden Schubstangen übernehmen die Kreuzköpfe, die sich auf ebenen Gleitbahnen auf und ab bewegen — so wie bei den Kreuzkopf-Dieselmotoren.

Die Wartung der Kolbendampfmaschine und Hilfsaggregate hält die Maschinenwache laufend auf Trab.
Denn es gibt keine fortschrittliche Meßtechnik, obendrein tropft und zischt es immerfort an mindestens einem Dutzend lecker Ventile, Hähne, Schieber, Stopfbuchsen, Klappen und Flanschen, an Dampf-, Frischwasser- und Heißwasserleitungen.
Zu den laufenden Arbeiten gehört ferner das regelmäßige Abschöpfen des Öls von der Oberfläche des Dampfkondensates im Schwimmertank. Die letzte Ölschicht wird mit Hilfe von ausgebreitetem Zeitungspapier aufgenommen. Massenhaft Papier gehört daher zum Store.
Auch der Fahrbetrieb unterscheidet sich gravierend von der Steuerung eines Dieselmotors. Zunächst gibt es weder Telefonverbindungen noch gekoppelte Maschinentelegraphen; die Kommandos von der Brücke werden vielmehr durch ein altertümliches Sprachrohr mit Pfeife durchgegeben.
Die Fahrtstufe wird mit dem Hauptdampfventil — das heißt über den Zudampfdruck — gesteuert. Eine Umsteuerung in voller Fahrt von „voraus voll" auf „zurück voll" und umgekehrt verkraftet die Dampfmaschine im Gegensatz zum Dieselmotor schadlos. Das erlaubt beispielsweise das blitzschnelle Einleiten eines Crash-Stop-Manövers, denn das Auslaufen der Maschine ist bei einem entsprechenden Kommando nicht erst abzuwarten. Dennoch sind die Dampfer nicht manövrierfähiger als die damaligen Motorschiffe; dazu ist ihre Maschinenleistung einfach zu schwach, obendrein gibt die Abdampfturbine ihre beträchtliche Leistung nur bei Vorausfahrt auf die Propellerwelle ab.
Die Vielfalt der Aufgaben verleiht dem Maschinistendasein unter Deck einen gewissen Reiz — fraglos auch die Tatsache, daß alle Funktionen praktisch sichtbar sind. Denn eine Dampfmaschine ist wahrnehmbare Kinematik in höchstem Grad, weshalb die technikinteressierte Jugend und Modellbauer immer eine Schwäche für Dampfantriebe haben werden.
Die Dampfschiffromantik — während und nach dem Kriege ohnehin in der Not geboren — ging freilich rasch zu Ende. Mit dem Wiederaufbau

der Industrie drängte der wirtschaftlich überlegene Dieselmotorantrieb rasch nach vorne.
Die letzten Dampfer waren auf kleiner und mittlerer Fahrt eingesetzt. Es waren wie die „E. Russ“ meist sogenannte Baltic-Liner, mit weit vorn und achtern stehenden Masten, einer holzverkleideten Navigationsbrücke und holzgedeckten Luken. Diese schwarzen Schiffe mit der gelben Decksladung waren bis etwa 1970 noch ein vertrauter Anblick auf der Ostsee, weil auch die Finnen und Polen relativ zahlreiche Steamer — darunter auch Kohlenbrenner — in Dienst hatten. Schon von weitem verriet der qualmende Schornstein den Dampfantrieb. Diese Zeit ist freilich endgültig vorüber, und trotz aller Romantik weint ihr kein Seemann eine Träne nach.

Im Gänsemarsch geht es in der vereisten Fahrrinne nordwärts. Per UKW und Radar halten die Schiffe miteinander Kontakt, um die Sicherheitsabstände einzuhalten.

Eiswinter in Finnland

Seeabenteuer sind nicht an bestimmte Reviere gebunden – etwa an die Südsee oder den Indik. Die eindrucksvollsten Erlebnisse meiner Assistentenzeit hatte ich sogar auf „kleiner Fahrt", so im Liniendienst zwischen England und Finnland. Das war in einem grimmig kalten Winter, als sich das Ostsee-Packeis bis in südschwedische Reviere vorschob und fast die gesamte Schifffahrt lahmlegte.
Mühevoll hielten die Eisbrecher schmale Fahrrinnen zu den wenigen offenen Häfen frei, und die Passagen waren nur im Konvoi möglich. Skurrile Szenen spielten sich ab, wenn die Schiffe nur wenige Stunden im Eis festlagen: Oft besuchten sich dann die Mannschaften gegenseitig zu einem Klönschnack – und zwar zu Fuß über die festgefrorenen Schollen. Und bei längeren Liegezeiten auf Reede vor den verstopften Häfen ging man per Langlaufskiern – sie gehörten zum Bordinventar – an Land. Ich erinnere mich genau:
An der Holtenauer Schleuse warte ich an einem trüben Abend im Februar seit Stunden auf mein als verspätet gemeldetes Schiff. Beißender Frost und dichtes Schneetreiben lassen mich im Warteraum für Seeleute Zuflucht suchen. Spät nach Mitternacht schiebt sich endlich der hohe eisverstärkte Bug der „Helga Russ" aus Hamburg langsam in die Schleusenkammer. Doch welch ein Anblick: das Unterwasserschiff eine rostige Fläche bis zur gezackten Wasserlinie, der Rumpf ebenfalls mit Rostflecken gespickt und die Aufbauten in zentimeterdicken „black frost" eingehüllt.

Black frost – darunter verstehen die Seeleute die Vereisung des Schiffes durch überkommende Seen und Spritzwasser bei großer Kälte.

Da mein Vorgänger noch am Koffer packen ist, gehe ich erstmal – wie so oft zu nächtlicher Stunde – an den Kühlschrank in der Kombüse und

Mit hereinbrechender Dämmerung hüllt aufkommender Nebel den Konvoi ein. Gespenstisch tastet der Suez-Scheinwerfer auf der Back die Aufbauten der Mitläufer ab.

labe mich an den Vorräten. Mein Dienst beginnt erst mit der Morgenwache.

Wir fahren Rotationspapier und Forstprodukte nach England mit Destination Grimbsby in der Humber-Mündung. Anhaltende Minustemperaturen und steifer Ostwind mit sechs Beaufort behindern die Schiffahrt auch in der Nordsee. Der Rundfunk meldet, daß zur Versorgung der Halligen Seenotkreuzer eingesetzt sind, weil die Fähren nicht mehr manövrieren können. In den engen Durchfahrten zwischen den Bänken staut sich das Eis, wenn Wind und Tidenstrom aufeinandertreffen.

Derweil verschärft sich die Eislage in der Ostsee immer mehr, wo die Eisdicke von Tag zu Tag zunimmt. Als wir nach einigen Tagen wieder im Kiel-Kanal sind, hat der Ostwind in den Buchten zwischen Flensburg und Lübeck das Treibeis zusammengeschoben. In den Förden ist ein richtiger Preßeisrücken aus Treib- und Trümmereis entstanden.

Viele Häfen sind total zugefroren, und nur noch antriebsstarke Frachter und Skandinavien-Fähren der „finnischen Eisklasse“ sind der Lage gewachsen. Die Eisdicke beträgt in den Häfen bis zu 50 Zentimetern und stellt Mensch und Technik auf eine harte Belastungsprobe.

Noch ist das Hauptfahrwasser in der Kieler Förde frei. Wie wird es

In strengen Wintern machten die Finnen auch betagte Eisbrecher wieder flott, um die Fahrrinnen offenzuhalten. Der kleine Hafeneisbrecher taut die Schiffe an die Pier.

weiter nördlich sein und in Finnland, wo das Thermometer seit Wochen arktische Temperaturen mißt?

Die Finnen, auf die Versorgung von See her angewiesen, halten mit viel Mühe die beiden Häfen Helsinki und Turku offen. Die Reise nach Südfinnland dauert normalerweise zwei Tage; jetzt sollte eine Woche daraus werden.

Als wir Bornholm passieren, sichten wir auf der schwarzen Wasserfläche die ersten grün schimmernden Treibeisfelder. Wir laufen einen Sammelpunkt an der Packeisgrenze an und warten dort auf Eisgeleit. Etwa zehn bis zwanzig Schiffe formieren sich zum Konvoi. Dann übernimmt ein Eisbrecher die Führung.

Die anfangs noch offene Fahrrinne verengt sich immer mehr und ist schließlich von schweren Eisschollen so übersät, daß überhaupt kein freies Wasser mehr sichtbar ist. Ein weiterer Eisbrecher – meist in der Mitte oder am Geleitzugende fahrend – überwacht die ganze Flottille und arbeitet einzelne hängengebliebene Einheiten frei.

Fahrtpausen von Stunden, gelegentlich von einem ganzen Tag und mehr, sind nicht selten. Dabei warten wir auf weitere Schiffe, die aus an-

derer Richtung zu uns stoßen. Oder es befinden sich Schiffe in der Nähe in Eisnot, und ein Eisbrecher wird kurzfristig abkommandiert.
Eisbrecher sind Spezialschiffe mit außergewöhnlich starkem Antrieb zum Aufbrechen und Erhalten der Fahrrinne. Vergleichbar einem Hochseeschlepper, besteht das Schiff hauptsächlich aus einer gigantischen Maschinenanlage mit rund 9000 PS, um die praktisch der Rumpf herumgebaut ist. Dieselelektrische Antriebe sind üblich, denn sie erlauben ein flexibles Manövrieren.

Aufgrund des flach ansteigenden Vorstevens im Unterwasserbereich schiebt sich das Vorschiff des Eisbrechers auf die Eisdecke und bricht diese durch das Eigengewicht. Damit der Schiffskörper nicht einfriert, hat der Rumpf stark gekrümmte Spanten und eine verstärkte Außenhaut. Außerdem ist der Rumpf extrem breit dimensioniert, um eine möglichst breite Rinne zu brechen.

Üblich sind bei Eisbrechern Bugpropeller, die das gebrochene Eis achteraus spülen. Für diesen Vorgang gibt es heute raffinierte Luftblasensysteme. Und moderne Bugkonstruktionen sind sogar in der Lage, die Eisschollen unter die feste Eisdecke am Fahrwasserrand zu schieben, die dort festfrieren. Die Rinne bleibt dann viel länger offen — unter Umständen sogar tagelang. All diese Hilfsmittel gibt es in den 60ern freilich noch nicht.
Die Fahrrinne ist keineswegs eisfrei; vielmehr schieben sich die schweren Schollen hinter jedem Schiff gleich wieder zusammen und backen binnen Minuten fest. Laut rumpelnd wie eine alte Straßenbahn bahnen sich die Schiffe mit halber Fahrt ihren Weg durchs Eis.
Wiederholt passiert es, daß sich in der schmalen Rinne ein größeres Schiff verkeilt und hilflos steckenbleibt. Für ein Ausweichmanöver im Eis bleibt dann nur wenig Zeit, denn die in Kiellinie fahrenden Schiffe halten einen Abstand von nur einer Kabellänge, also von weniger als 200 m. Meist stockt in diesen Fällen der ganze Konvoi, bis ein Eisbrecher das manövrierunfähige Schiff wieder losgeeist hat.
Auch Begegnungen mit anderen Schiffen sind kritisch: Ein Schiff muß ins Eis ausweichen, weil der starke Sog in der engen Rinne die Rümpfe möglicherweise zusammentreiben würde.
Immer wieder kommt es zu unfreiwilligen Wartezeiten. Die Crew nutzt die Fahrtpausen zu verwegenen Spaziergängen auf dem Packeis: Bei — 40 °C Außentemperatur genügen zwei Stunden Liegezeit, dann ist die Fahrrinne begehbar. Eine lange Leiter wird außenbords gefiert und

unverrückbar vertäut, dann zur Sicherheit noch ein slipbarer Rettungsring an das Schanzkleid gehängt. Und schon stehen die ersten wagemutigen Matrosen trockenen Fußes mitten auf der Ostsee!
Einmal kommt uns bei einem solchen Aufenthalt ein Schwesterschiff, die „Nanni Russ“, besuchen. Sie legt sich in etwa 30 m Abstand neben uns, und die Besatzungen lassen es sich nicht nehmen, auf ein Bier zum anderen Schiff zu pilgern.
Bei diesen Fußmärschen ist meines Wissens nie etwas Ernsthaftes passiert. Wohl sinkt in unmittelbarer Nähe des Schiffsrumpfes gelegentlich ein Übermütiger zwischen zwei Schollen in eine Eisspalte ein, weil er sich zu früh von Bord gewagt hat. Zum Glück ist das rettende „Festland“ immer greifbar, und der kalte Schock hält den Pechvogel von weiteren Eskapaden allemal zurück.
Gespenstisch ist die Fahrt durchs Eis in der Dämmerung und während der Nacht: Bei Sonnenuntergang bildet sich ein dicker Grundnebel und hüllt zunehmend die Schiffsrümpfe ein. Zuletzt sind von den Mitläufern nur noch die Mastspitzen erkennbar. Irgendwo tutet warnend ein Nebelhorn. Die Schiffe haben untereinander Kontakt über den UKW-Sprechfunk, und die Brückenwache äugt ständig auf den Radarschirm. Doch nur dem erfahrenen Seemann signalisiert der Screen, wo die anderen Schiffe stehen, denn das Eis verursacht trügerische Reflexe.
Trotz der Hundekälte ist eine Deckswache zur Sicherheit unverzichtbar; mit dem großen Suezkanal-Scheinwerfer auf der Back tastet sie die Eisrinne ab.
Die gespenstischen Nachtszenen lassen einen in der Freiwache stundenlang auf der Brücke verharren. An richtigen Schlaf ist ohnehin kaum zu denken, denn die Fahrt durchs Eis verursacht laute Poltergeräusche im ganzen Schiff. Die Nautiker stört das weniger, denn sie stehen ohnehin zwölf, sechzehn oder noch mehr Stunden ununterbrochen auf der Brücke.
Je mehr wir uns dem Bottnischen Meerbusen nähern, desto schöner wird das Wetter. Tagsüber gleißende Sonne und ein wolkenloser Himmel; der starke Frost macht die Luft extrem trocken, weil die Feuchtigkeit auskondensiert. Der Schnee auf der unendlichen Eisfläche blendet, daß die Augen schmerzen.
Bei der Ankunft in Turku liegen wir zunächst mehrere Tage auf Reede, denn im völlig verstopften Hafen ist keine Pier frei. Vor der Hafeneinfahrt, zwischen den tief verschneiten Schären, warten noch andere

Laut polternd schieben sich die Schiffe durch das Ostsee-Packeis. Die meterdicken Schollen schleifen die Farbe vom Rumpf. Die Temperatur sinkt auf $-35\,°C$.

Schiffe. Den Anker zu legen, ist völlig überflüssig, denn das Eis hält jedes Schiff unverrückbar fest. Es ist stellenweise bis zu einem Meter dick.
Wir nutzen die Zeit, um fällige Überholungen an der Hauptmaschine auszuführen und mal wieder einen Hilfsdiesel auseinanderzunehmen. Im übrigen verbringt man die Freiwachen in der Stadt, denn unser Liegeplatz ist für die Crew kein Hindernis, an Land zu gehen — zu Fuß natürlich oder mit den Langlaufskiern. Taxen gibt es auch; sie trauen sich „nur" bis etwa 40 m an unsere Leiter heran. Und daß auch Jugendliche mit Motorschlitten und Motorrädern die Schiffe auf Reede besuchen, ist nicht ungewöhnlich.
Proviant und Store kommen per Lieferwagen übers Eis und werden mit dem Proviantkran oder einem ausgeschwenkten Baum übernommen. Es liegt auf der Hand, daß auch der Kleinschmuggel mit Schnaps in diesen Tagen Konjunktur hat, denn die Umstände fordern ihn geradezu heraus. Nur einige weibliche „Gäste" haben etwas Schwierigkeiten mit der hohen Leiter an der Bordwand . . .
Turku selbst ist nicht sonderlich attraktiv: Der spätromanische Backsteindom mit dem trutzigen Turm und die düstere Festung am Hafen sind die wenigen städtebaulichen Akzente der nach Helsinki wichtigsten Hafenstadt Finnlands.

Turku war bis 1812 die finnische Hauptstadt und hat noch einen schwedischen Namen, nämlich Åbo. Beide Namen sind amtlich.

Die Universität bringt zwar etwas Leben in die Stadt, und da in Finnland ohnedies der weibliche Bevölkerungsanteil überwiegt, zieht es das Schiffsvolk gerne in die wenigen Tanzlokale. Dort geht es aber keusch und gesittet zu — so wie in der Tanzstunde zu Hause:
Im Tanzsaal sind beidseitig Stuhlreihen aufgestellt, getrennt für die Mädchen und die Burschen. Bevor die Musik einsetzt, drängen die in der Mehrzahl anwesenden Mädchen in die erste Reihe, um ja nicht sitzen zu bleiben. Die Männer haben also grundsätzlich die besseren Chancen. Mit den ersten Takten huschen die Jungs hinüber, und der Ringelpietz beginnt. Tische und Getränke gibt's im Nachbarraum, und da kann man sich dann ein wenig näher kommen.
Viele finnische Frauen ziehen deutsche Männer ihren etwas holprigen Landsleuten vor — wenn es nicht gerade Seeleute sind. Um diese Jahreszeit kann man sich freilich schwer als Tourist tarnen. Und so schleicht sich Hein Seemann in aller Regel zur späten Stunde verdrossen und mit

Immer wieder heißt es warten auf den Eisbrecher. Zwischenzeitlich besuchen sich die Mannschaften zu einem Klönschnack, denn die Schollen backen nach kurzer Zeit zu einer tragfähigen Eisdecke zusammen.

roten Ohren mutterseelenallein durch den beißenden Frost an Bord zurück. Die bezaubernden Mädchen mit den hellen Augen und hohen Backenknochen — warum, zum Teufel, hatten sie es auf einmal so eilig, ein Taxi zu kriegen?

Am nächsten Tag sollen wir an die Pier. Der Lotse kommt mit Skiern zum Schiff und entert mit geschulterten Brettern die Leiter hoch. Unterdessen hält ein alter Dampfeisbrecher den Weg in die Hafeneinfahrt frei. Es ist die legendäre „Tarmo“, ein Zweischornsteiner mit senkrechtem Steven, hölzerner Kommandobrücke und langen Windhutzen. Heute liegt der Veteran, Baujahr 1907, als konservierte Touristenattraktion in Helsinki, fest vermoort nahe der Stammpier aller finnischen Staatseisbrecher.

Ein kleiner Hafeneisbrecher nimmt uns zunächst auf den Haken und taut das Schiff mühsam in die Fahrrinne; später bugsiert er uns an die Kaimauer. Das Anlegemanöver beginnt mit dem Übergeben der Vorspring, in die wir anschließend eindampfen und dadurch das Eis zwischen Heck und Kaimauer zum Bersten bringen.

Die Ladegang wartet schon — ausstaffiert mit dicken Handschuhen und Pelzmützen. Sie arbeiten gut und schnell, die finnischen Stauer, obwohl Ketten und Schäkel vereist sind und das Tauwerk sperrig ist. Zwar arbeiten die Schichten nicht rund um die Uhr wie in Hamburg, aber oft bis weit nach Mitternacht.

Kaum sind die Klappluken der „Helga Russ“ offen, erfahre ich vom Chief, daß ich versetzt werde: Der Dampfer „E. Russ“, den wir schon kennen, fordert dringend einen Assi an, weil ein Kollege vorgestern nach Hause geflogen ist, um den Unterrichtsbeginn auf der Schiffsingenieurschule nicht zu verpassen.

Der Steamer liegt seeklar unweit von unserem Liegeplatz. Ich packe also meine sieben Sachen und mustere um. Statt des vertrauten Deutz-Diesels mit 1500 Pferdestärken erwartet mich nun eine ganz neue Welt — eine nostalgische Kolbendampfmaschine und ein rußgeschwärzter Kesselraum. Ing. und Wachheizer tragen Schweißtücher und Leinenmützen, die anderswo niemand mehr trägt. Deuwel, denke ich, das riecht nach schweißtreibender Knochenarbeit. Doch die Temperaturen im Schiffsbauch sind erträglich, und das Zischen der Maschine ist im Vergleich zum Diesellärm geradezu nervenfreundlich.

Der Potsdam-Dampfer hat annähernd die gleichen Dimensionen wie die „Helga Russ“, trägt aber mit 2850 tdw 650 Tonnen mehr. Die Dampf-

maschine gibt indessen nur 1200 PS an die Welle ab. Das sollte sich bald bemerkbar machen.
Mit Papierrollen und einer Holzdecklast verlassen wir Turku in der aufgebrochenen Eisrinne. Bis Hamburg sind es gut 700 Seemeilen; etwa die Hälfte dieser Strecke führt durchs Packeis. Erneut fädeln wir uns in einen Konvoi ein. Ganz am Schluß, und das hat seinen Grund: Nur wenige Stunden können wir mit den modernen Motorschiffen Schritt halten. Die Geschwindigkeit geht im Eis oft auf nur drei Knoten zurück. Querab, von Helsinki kommend, stehen zwei weitere Dampfer, unverkennbar an der dunklen Rauchfahne auszumachen. Ein Reviereisbrecher führt uns zusammen und bahnt uns den Weg noch eine Zeitlang; dann wird er abberufen, weil anderswo Schiffe in Eisnot sind.
Keine Stunde später bleiben wir trotz voll aufgemachtem Dampf mit polternder Schraube liegen. „Kein Ruder im Schiff" meldet die Brücke, und dann heißt es warten, bis der nächste Geleitzug kommt und uns wieder einen halben Tag lang mitschleppt. Das wiederholt sich etliche Male — bis zur Packeisgrenze, wo sich das Eis allmählich auflöst und in großen und kleinen Schollen treibt. Ob die Reederei wohl mit dieser Reise Geld verdient?
Hohe Kosten verursachen die Eisfahrten allemal. Auch mit eisbrechenden Frachtern moderner Konstruktion: Bei starkem Eisgang müssen sie nach jeder zweiten oder dritten Reise ins Dock. Rumpf und Ruderanlage werden sorgfältig inspiziert; meist ist ein Wechsel der Schraube fällig.
Und dann der Anstrich: ein Kilo Farbe pro Tonne Tragfähigkeit, lautet eine Faustregel. Da kommen rasch einige Tonnen Farbe zusammen. Schon auf der ersten Reise scheuert das Eis oft das meiste wieder herunter, und nach der zweiten Reise reicht der Rost bis weit über die Wasserlinie.
Bei der genieteten „E. Russ" werden im Dock zusätzlich vom Eis flachgeschliffene Nieten ersetzt und teilweise ganze Boden- und Seitenplatten neu eingeschweißt. Ohne diese Reparaturen einzurechnen, verursacht das Schiff Tageskosten zwischen 2000 und 3000 DM — egal, ob es in Fahrt ist, im Eis festliegt oder an der Pier. Brennstoffkosten, Kanalgebühren, Hafen- und Lotsenabgaben sind nur einige der wichtigsten Ausgabeposten für den Reeder. Und ein Streik, in Finnland aufgrund der starken Gewerkschaften gar nicht so selten, läßt den Gewinn schnell zusammenschmelzen.
Das alles ficht eine Assi-Seele freilich nicht an. Gleich, wie dick das Eis

und die anderen Unbilden der Witterung sein mögen — im Maschinenraum ist es stets gemütlich warm, und an Überstunden nach der Wache ist nicht zu denken. Selbst für schwierige Reparaturen bleibt genug Zeit innerhalb der regulären Wache. Also dachte ich gleich bei der ersten Eisfahrt: Endlich mal eine Reise, auf der man die Peoples an Deck nicht zu beneiden braucht.

Um die Rudermaschine zu inspizieren, mußte der Assi oft über gelaschte Deckslast nach achtern klettern. Mancher Kapitän verdiente sich mit dieser zusätzlichen Fracht ein beträchtliches Zubrot.

Vom Lernen und Werden

Von den vielen Lernprozessen, die ich bis zur Hälfte des Lebens durcheilte, haben zwei meine Person am meisten geprägt: das Gymnasium und die Seefahrt. Einerseits also eine Bildungsphase in behüteter, bürgerlicher Umgebung, andererseits eine Erlebnisphase in rauhem Umfeld. Erstere betrachte ich als Grundlage, um eine geistige Beweglichkeit zu erlangen; letztere halte ich für wichtig, um den Instinkt zu schärfen und um die Anpassung zu lernen. Anpassung an was? An Menschen unterschiedlichster sozialer Herkunft, die mithin völlig anders denken — und an Situationen, die man mit diesen Menschen teilen muß.

Die Seefahrt war für mich die echte Reifeprüfung, nicht das Zeremoniell der Matura als Achtzehnjähriger. Wie kann man einem Menschen auch nur ansatzweise Reife verbriefen, wenn er sich noch nicht einmal selbst kennt? Selbsterkenntnis setzt mithin aber Situationen voraus, in denen der Schirm des schützenden Elternhauses oder des verantwortlichen Erziehers fehlt. Erst unter äußerem Druck vermögen wir zu begreifen, wie wir selber sind — und wie wir echte und vermeintliche Freunde einzuschätzen haben.

Dieser äußere Druck ist bei der Seefahrt allgegenwärtig: Durch den Wachdienst ist der Seemann einer strengen Routine unterworfen — egal, ob sich in schwerem Wetter einem der Magen dreht, ob die Müdigkeit, der Suff oder eine Grippe die Arbeit zur Tortur werden läßt. Wie oft keimte in mir in solchen Situationen der Vorsatz, im nächsten Hafen davonzulaufen. Doch wenn es am schlimmsten kommt, ist der nächste Hafen oft weit. Und unerbittlich heißt es pünktlich vor Wachbeginn „Reise, reise . . ."

In der Schule, ja da genügte oft ein Schnupfen, um den Eltern eine schriftliche Entschuldigung für den Lehrer abzuringen; während des Studiums blieb es einem selbst überlassen, während der ersten Vorlesung oder den ganzen Tag lang im warmen Bett zu bleiben. Und wer kennt nicht beim Militär den Trick, ein Fieberthermometer so zu manipulieren, um — vor dem nächsten Manöver — schnell für ein paar Tage ins Krankenrevier zu kommen.

Auf See dagegen lernt der Mensch, Schwierigkeiten stoisch zu ertragen. Da es keinen Ausweg gibt, mißlichen Situationen — das kann auch ein schikanöser Vorgesetzter sein — auszuweichen, muß man sich arrangieren. Das Beste aus der Lage zu machen — das ist ein Lernprozeß, den der Seemann zwangsläufig durcheilt. Kein körperlich, geistig und seelisch gesunder Mensch geht daran zugrunde, wenn er bisweilen existentielle Tiefen erfährt. Er muß sie erfahren, um daran zu erstarken.

Eine Grenzsituation erlebte ich beispielsweise auf der ersten Nordatlantikreise: Es war eine hartnäckige Seekrankheit, die meinen Körper tagelang auspumpte und die Ungewißheit, ob dieser Zustand während der Überfahrt überhaupt aufhören würde. Der Dienst in der lärmenden Maschine geriet erst zum Opfergang, dann zur stoischen Pflichtübung, dann — suggestiv — zur Ablenkung von dem Übel. Wer den morbus marinus nicht in allen Tiefen selbst erfahren hat, wird freilich nicht nachempfinden können, daß seinetwegen mancher Seemann freiwillig über die Reling springen will.

In derselben Situation lernte ich, unter Druck zügig aber ohne Hast zu arbeiten: Separatoren reinigen, Ventile einschleifen, Stopfbuchsen verpacken. Routinearbeiten gewiß — aber der Kopf mußte dabei sein, andernfalls hieß es so lange zutörnen, bis das jeweilige Teil eben wieder funktionstüchtig ist. Und wundersamerweise wurde das Soll der Wache jedesmal erfüllt, trotz gallespeiendem Magen.

Das alles hört sich so an, als wäre der Alltag auf einem Seeschiff dem Dienst in einer Strafkompanie gleichzusetzen. Mitnichten, aber bis in die jüngste Vergangenheit war die Seefahrt, insbesondere in der Maschine, mit schwerer Arbeit verbunden. Die Monotonie des Alltags ist bis heute geblieben; sie läßt wenig Raum für Individualität, für Bücher, Schallplatten und gute Gespräche. Daran vermochte auch die Automatisierung des Schiffsbetriebes wenig zu ändern. Der eiserne Zwang zur Rationalisierung verteilt die Arbeit vielmehr auf immer weniger Köpfe. Und wenn es auch keine Knochenarbeit mehr ist, so muß sie doch rund um die Uhr mit pünktlicher Zuverlässigkeit bewältigt werden.

In menschlicher Hinsicht ist der Bordbetrieb ein Gleichmacher. Der Dienst nimmt keine Rücksicht darauf, ob der Matrose, Assi oder

Rolling home in der Nordsee. Das Langholz aus Skandinavien wurde in England gelöscht; die hohen Deckslaststützen reichen fast bis zu den Brückenfenstern.

Schmierer aus einer Arbeiter- oder Arztfamilie stammt. Allesamt sind sie den gleichen Spielregeln unterworfen, auch nach der Wache: Gerade in der Freizeit ist das Individuum in einer solchen Männergesellschaft gefordert, sich anzugleichen. Und mithin Auswüchse wie Suff und Vulgaritäten zu ertragen. Beides, so sehe ich es heute, sind Hilfsmittel, um die Monotonie zu überwinden.

Die Anpassung fällt mitunter schwer, denn in jeder Crew gibt es Kameraden, deren Lebensinhalt nur aus Trinken und Huren besteht. Sie ist aber unabdingbar, um von den anderen akzeptiert und nicht — offen oder latent — schikaniert zu werden. Wer das Bier mit den Kameraden scheut und sich in der Freiwache stets absondert, um zu lesen oder klassische Musik zu hören, ist bei der Crew schnell suspekt. Das erfuhr ich wiederholt — anfangs bei mir selbst, später bei einem Assi, der — als diplomierter Ingenieur — rasch noch ein Abenteuer mitnehmen wollte, ehe er seine Karriere an Land begann. Da er aus seinem Gastspiel kein Geheimnis machte, obendrein Weiber und Alkohol verschmähte, gedieh sein Abenteuer rasch zu einer harten Prüfung: Nicht nur die Kameraden versagten ihm die Kollegialität, auch sein Wachingenieur ließ ihn zu-

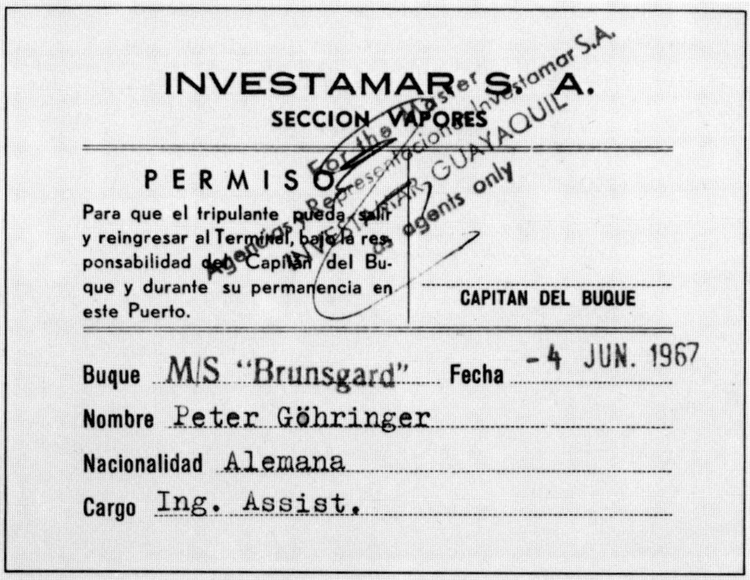
INVESTAMAR S. A.
SECCION VAPORES

PERMISO

Para que el tripulante pueda salir y reingresar al Terminal, bajo la responsabilidad del Capitan del Buque y durante su permanencia en este Puerto.

CAPITAN DEL BUQUE

Buque M/S "Brunsgard" Fecha -4 JUN. 1967

Nombre Peter Göhringer

Nacionalidad Alemana

Cargo Ing. Assist.

Der Landgangpaß (oben) war das wichtigste Papier für Hein Seemann — vor allem, wenn der Dampfer in einem südamerikanischen Hafen festgemacht hatte. Mancher zurückgegangene Brief verriet indessen dem Absender, daß der Empfänger „achteraus gesegelt" ist — aus Heimweh oder weil es Stunk an Bord gegeben hat.

törnen, wann immer er dazu Laune hatte. Dabei gab sich der Arme gar nicht elitär, er handelte nur nicht pragmatisch, sondern mied — vielleicht etwas ostentativ — jedes kumpelhafte Verhältnis.
Den Pragmatismus im Umgang mit Menschen — wo lernt man ihn besser als in einer Gemeinschaft, die alle sozialen Unterschiede einebnet? Folglich kann einem jungen Menschen, besonders wenn er nach späteren Führungspositionen strebt, nichts Besseres passieren, als vorübergehend ohne Privilegien mit Menschen unterschiedlichster sozialer Herkunft arbeiten zu müssen. Wer das nicht begreift, ist zu bedauern — so wie der einstige Wehrdienstverweigerer, der auf meine Frage nach seinem Beweggrund sinngemäß antwortete: Ich sehe nicht ein, warum ich mich von Menschen, die schwächer im Kopf sind als ich, drangsalieren lassen soll . . .
Er war freilich erst 28, der smarte Bankkaufmann, also noch sehr, sehr jung.

25 Jahre danach:
Mit dem Feeder auf alten Kursen

Im Frühjahr 1987 stampft das Feederschiff „Coronel" aus Hamburg durch das Kattegat, rundet Skagen und nimmt Kurs auf den Firth of Forth in Schottland. An Bord des 90 m langen Frachters sind rund 200 Container, das ist fast die ganze Stellkapazität. An Bord ist auch der Verfasser dieses Buches — aber nicht in der Maschine, sondern mit dem Kapitän auf der Brücke.

Es geht auf neunzehn Uhr, und in der Maschine ist überhaupt niemand. Der Maschinist hat den Dienst schon zum Abendessen quittiert und wird erst wieder am nächsten Morgen — so gegen acht — nach seinen Dieseln schauen. Der Kontrollraum und die Werkstatt sind von der Maschine schallisoliert getrennt. Im Grunde arbeitet der Ing. wie seine Kollegen an Land: acht Stunden lang am Tag mit regulären Pausen, hier für die Elf-Uhr-Bouillon, das Mittagessen und den Kaffee am Nachmittag.

Nur bei Manövern ist der Ing. auch außerhalb des regulären Tagesdienstes in der Maschine. Und auch das nur aus Sicherheitsgründen — nicht etwa, um den Schiffsmotor zu steuern. Das macht der Kapitän mit der Fernbedienung von der Brücke aus, so einfach wie er den Bugstrahler beim An- und Ablegen bedient.

Was macht unser Wachingenieur, der gar keine Wache im herkömmlichen Sinne mehr geht, den ganzen Tag lang? Er reinigt periodisch die Kraftstoff- und Schmierölfilter, pumpt Gasöl von den Boden- in die Setztanks, prüft die Temperaturen der Kühlcontainer, behebt kleine Störungen wie Leckagen an Rohrleitungen und Armaturen und führt das Tagebuch. Alle paar Tage sind ferner sämtliche Automatik-Funktionen zu kontrollieren — ein Routinecheck, der eine halbe Stunde dauert.

Automatisiert sind nicht nur die Dieselmotoren, sondern auch die mei-

sten Hilfsmaschinen wie Preßluftanlage, Kühlmaschine, Schmieröl-Separatoren. Letztere reinigen sich selbst. Auch die Tagestanks sind nicht mehr zu peilen, sie werden selbsttätig gefüllt.
Bei großen Reparaturen geht das Schiff aus der Charter und auf die Werft; innerhalb der acht Dienstjahre der „Coronel" ist das aber noch nicht vorgekommen. Dafür sind laut Chartervertrag monatlich zwölf Stunden für Überholungsarbeiten an der Maschinenanlage freigegeben.
Kolben ziehen? Niemand kann sich daran erinnern, daß so etwas je notwendig war. Im Notfall muß der „Meister", wie der Maschinist in der Umgangssprache heißt, so eine Maßnahme freilich beherrschen. Er bekommt dazu zwei Leute von Deck, die ihm assistieren, denn das Schiff fährt mit einer Mehrzweckbesatzung, wie wir gleich erfahren werden.
Der Maschinendienst auf einem modernen Frachter ist also keine Knochenarbeit mehr. Nach richtiger Arbeit riecht es eigentlich nur, wenn gelegentlich ein Zylinderdeckel auszuwechseln ist. Der Ersatzdeckel — ein kompletter gehört zum Ersatzteilstore — ist binnen acht Stunden mit zwei Mann ausgetauscht. Das geschieht während einer Hafenliegezeit. Die schweren Muttern werden dabei mit einer hydraulischen Spannvorrichtung festgezogen — nicht mehr mit einem mächtigen Vorschlaghammer, was früher gelegentlich schwere Unfälle verursachte.
Selbst auf großen Schiffen mit weitgehend automatisierter Anlage hat sich der Maschinendienst zur Routine entwickelt. Beispielsweise werden die Auslaßventile nur noch in Abständen von etwa 10 000 Betriebsstunden überholt — eine Arbeit, die üblicherweise mit der Überholung der Kolbenringe zusammenfällt. Längere Intervalle sind bei modernen Dieselmotoren keine Seltenheit, je nachdem, ob Schweröl oder leichtere Marinebrennstoffe gefahren werden.

Das Nachschleifen der Sitze im Zylinderdeckel geschieht mit einer Schleifvorrichtung; eingesetzt werden separat nachgeschliffene oder neue Ventile. Das Einläppen der Ventile in den Sitz ist gar nicht mehr zulässig.

Assis, Schmierer und Reiniger sind also entbehrlich. All diese Dienstgrade wurden in den 70er Jahren abgeschafft. Man differenziert überhaupt nicht mehr zwischen Decks- und Maschinenlaufbahn: Seit 1983 gibt es den „Schiffsmechaniker", der — nach einer mehrjährigen Übergangszeit — die bisherige Matrosenausbildung ersetzen soll. Auch die Offiziersausbildung wird künftig darauf aufbauen — ob zum Nautiker oder zum „Schiffbetriebsmeister", so der neue Name für die Ingenieure. Das Ziel dieser Umstrukturierung ist die Mehrzweckbesatzung, deren Mitglieder für viele Arbeiten austauschbar sind. Auf unserem Containerschiff ist das weitgehend verwirklicht.

Auf der Brücke hat sich gleichfalls vieles geändert. Schauen wir dem Stüermann einmal über die Schulter:

Etwa 15 Minuten vor Mitternacht weckt der Kapitän über die Sprechanlage seinen „chief mate", wie der Erste international genannt wird. Pünktlich übernimmt dieser um 24 Uhr die Wache. Sie beginnt normalerweise damit, daß man in der Seekarte die Position prüft und dann mit dem Stechzirkel absteckt, welches Seegebiet das Schiff bis zum Wachende durchfährt.

Wir laufen 16 Knoten; daraus resultiert eine Strecke von 96 Seemeilen in den sechs Stunden der Wache. Ja, die „Coronel" ist ein Zwei-Wachen-Schiff — so wie die „Priamus" im ersten Kapitel —, und das bedeutet für die Nautiker lange Dienstperioden und wenig Schlaf, von Landgang ganz zu schweigen.

Von der Rationalisierung profitiert der Maschinist, aber gewiß nicht der Wachgänger auf der Brücke, der täglich zwölf Stunden lang seinen Rudertörn gehen muß — auch wenn er dabei nicht ausgelastet ist. Denn auf See ist der Dienst meist monoton, weil ein Mikrocomputer die ganze Navigation übernimmt. Per Tastendruck sind jederzeit alle wichtigen Daten abrufbar: die Koordinaten des Schiffsortes, der rechtweisende Kurs, die Geschwindigkeit über Grund, die Distanz bis zum nächsten Punkt, der eine Kurskorrektur notwendig macht, und auch wie lange das Schiff bis dahin noch unterwegs ist.

Navigieren nach Wegepunkten heißt dieses Verfahren, das ein Koppeln in der Karte, ja eigentlich die Kartenarbeit überhaupt, überflüssig macht. Die Kurse von den üblichen Abgangshäfen zu den häufig vorkommenden Destinationen sind im Navigationscomputer gespeichert, so daß — streng genommen — die Karte sogar verzichtbar ist.

Die „Coronel" fährt im Feederdienst: Sie gehört zu den Schiffen, welche die großen Containerterminals mit anderen Umschlaghäfen verbinden — auf Routen, die sich ständig wiederholen. Auch für unsere Reise von Kopenhagen nach Schottland sind alle Wegepunkte archiviert. Vor dem Auslaufen tippt der Wachhabende auf der Brücke nur die Koordinaten in den Computer ein und schaltet — sobald der offene Seeraum erreicht ist — auf Selbststeuerung.

Kursabweichungen werden optisch signalisiert, und beim Erreichen eines Wegepunktes piepst es vernehmlich. Der neue Kurs ist dann am Kompaß des Autopiloten einzustellen. Auch das wird in Zukunft wegfallen, wenn der Navigationsrechner direkt mit der Selbststeuerung gekoppelt ist.

Ist das noch Seefahrt, frage ich unwillkürlich, wenn sich die Wache auf einen bloßen Ausguckstörn reduziert? Und mithin nur alle paar Stunden ein Drehknopf zu justieren ist?
Würde ich dem Wachoffizier nicht hin und wieder Gesellschaft leisten, wäre er zweimal sechs Stunden lang auf der Brücke mit seinen Gedanken allein. Da vergeht die Zeit verflixt langsam. So kann er mir den Navigationscomputer erklären; den verstaubten Funkpeiler kann ich mittlerweile ebenfalls bedienen, und auch einen kompletten Radarlehrgang habe ich hinter mir.
Als der Morgen graut, heißt es routinemäßig durch die Rufanlage: „Herr Kaptein, es ist zwanzig vor sechs." Oh, wie erinnert mich das an den so geschätzten Weckruf „Reise, reise", den der wachhabende Assi seinem noch schlafenden Ablöser laut in die Kammer brüllte. Nur ein Nachtalarm bei der Bundeswehr weckte in mir noch höhere Lustgefühle . . .

Der Weckruf ist dem britischen Zeitwort to rise (auf deutsch: aufstehen) entlehnt.

Gewiß hat es der Leser längst erraten: Ich bin als Passagier an Bord. Denn nach gut zwanzigjähriger Pause haben sich die Reeder angesichts verfallender Frachtraten wieder entschlossen, Passagiere mitzunehmen. Und die interessieren sich von der Bilge bis zum Mastknopf für das ganze Schiff. Für die kleine Crew bedeutet das meist eine willkommene Abwechslung. Denn, wie erwähnt, der Dienst ist auf einem weitgehend automatisierten Schiff zur Routine erstarrt.
Abenteuerliches versprechen auch die Liegezeiten nicht mehr, denn sie sind auf wenige Stunden zusammengeschrumpft. In unserem Abgangshafen nahmen wir die volle Containerladung binnen vier Stunden an Bord, und zwar nachts. Obendrein lag der Containerterminal weit vor der Stadt. Noch kürzer macht das Schiff in den kleineren Häfen fest, wo nur einige Container umgeschlagen werden.
Abenteuerlust kann es also nicht sein, was junge Menschen heute noch zur See drängt. Oder doch? Denn es gibt so etwas wie Seesucht — eine Art von Fernweh, der gewisse Menschen einfach erliegen, wenn sie eine Schiffssilhouette sehen oder nur ein Tyhon dröhnen hören. Wer dafür anfällig ist, dem ist auch der letzte Zossen recht, der rostig und mit un-

aufgeräumtem Deck im Hafen schwimmt. Ja, gerade solche Schiffe strahlen oft mehr Sympathie aus und wecken größere Erwartungen als ein properer Liner, der in den Farben einer bekannten Reederei fährt. Ich kann das gut nachempfinden: Heruntergekommene Schiffe kannte ich zu meiner Zeit nie. Rost und Bewuchs am Rumpf waren für mich stets „die unvermeidbaren Spuren eines langen Seetörns" und ein Grund mehr, das Fallreep hochzuentern. Ganz gleich, was im Schiffsbauch meiner harren mochte ...

Die Schiffe und wo sie geblieben sind

MS Priamus, Kümo, 498 BRT, gebaut 1955 bei Lürssen in Bremen-Vegesack für DG Neptun, Bremen. 1980 als „Apollonia VI" gestrandet auf Makronisos Island auf der Fahrt von Piräus nach Tripoli. Totalverlust.

MS Erwin Schröder, Trockenfrachter, 2204 BRT, gebaut 1957 bei Norderwerft, Hamburg, für Reederei Richard Schröder, Hamburg. 1983 als „Syntomia" in Piräus abgebrochen.

KMS Brunsgard, Kühlschiff, 4702 BRT, gebaut 1964 bei Howaldtwerke, Hamburg, für Willy Bruns & Co, Hamburg. 1985 als „Nissos Nios" zum Abbruch nach China verkauft.

SS E. Russ, Baltic-Frachter, 1478 BRT, gebaut 1949 bei Howaldtwerke, Lübeck, für E. Russ & Co, Hamburg. 1974 als „Theodoros L" in Piräus zum Abbruch eingetroffen.

MS Helga Russ, Trockenfrachter, 1373 BRT, gebaut 1957 bei Nobiskrug in Rendsburg für E. Russ & Co, Hamburg. 1983 als „Ashanti" in Rotterdam abgebrochen.

MS Erlangen, Trockenfrachter, 6341 BRT, gebaut 1955 bei Howaldtwerke, Hamburg, für die HAPAG. 1983 als „Lawanti" in Hongkong abgebrochen.

Die Angaben lieferte freundlicherweise das Archiv Alfred Reischl in Bayreuth.

Besatzung eines mittleren Trockenfrachters um 1965

Kapitän
I. Offizier
II. Offizier
III. Offizier
Funkoffizier
2 Offiziersanwärter
Bootsmann
Zimmermann
Elektriker
Decksschlosser

6 Matrosen
1 Leichtmatrose
2 Jungmänner
1 Decksjunge
Koch
Kochsmaat
Bäcker
Chefsteward
2 Messestewards
1 Aufwäscher
1 Wäscher

Lt. Ingenieur
II. Ingenieur
III. Ingenieur
IV. Ingenieur
3 Ing.assistenten
1 Schmierer
2 Reiniger
1 Storekeeper

Entwicklung des Maschinenpersonals auf Frachtschiffen

Jahr	Maschinenart	Brennstoff	Personal		
			Maschinenraum	Kesselraum	Gesamt
1900	Dampfmaschine	Kohle	30	55	85
1930	Dampfturbine	Heizöl	12	6	18
1960	Dieselmotor	Schweröl	12	–	12
1986	Dieselmotor	Schweröl	6	–	6

Durchschnittszahlen für ein Frachtschiff mit 6000 PS Antriebsleistung

Quelle: Illies

Literatur

Kludas/Witthohn: Die deutschen Kühlschiffe, 1981
Koehlers Verlagsgesellschaft, Herford

Scheling/Leisching/Grzesik: Eisfahrt durch die Ostsee, 1969
Koehlers Verlagsgesellschaft, Herford

Detlefsen: 110 Jahre Schiffbau in Flensburg, 1982
Verlag K.-H. Butziger, Hamburg

Seefahrt, transpress-Lexikon, 1976
VEB Verlag für Verkehrswesen, Berlin

Mielke: Das große Buch der Seefahrt, 1958
Ensslin & Laiblin Verlag, Reutlingen

Kolbeck: Zukunft der Schiffahrt, 1974
Safari-Verlag, Berlin

Schwadtke: Deutschlands Handelsflotte, 1964
Verlag Eckardt & Messtorff, Hamburg

Théremin/Röbke: Schiffsmaschinenbetrieb, 1980
VEB Verlag Technik, Berlin

Schumann/Rausch/Brade/Fleck/Großwig: Handbuch für Kesselwärter, 1981, VEB Verlag für Grundstoffindustrie, Leipzig

Köhler/Birk: Die Banane — Dokumentation einer außergewöhnlichen Frucht, 1986, Informationsgemeinschaft Bananen, München

Kiedel/Schnall/Scholl: Arbeitsplatz Schiff, 1987
Ernst Kabel Verlag, Hamburg

Zeitschriften

Buchholz: In fremder Charter gefahren,
Schiffahrt international 1 + 2/86

Göhringer: Die große Zeit der Dampfmaschinen,
stander 5/83

Göhringer: Zu Fuß und auf Skiern über die Ostsee,
skipper 5/79

Kilchenmann: 75 Jahre Sulzer-Dieselmotoren,
Technische Rundschau 4/74

Brown: A History of the Sulzer low-speed marine diesel engine,
Sulzer Brothers Ltd.

Semm: Schiffskühlanlagen, Entwicklungen und heutiger Stand,
KI Klima-Kälte-Heizung 11/86

Göhringer: Törn tu, Assi,
Schiffahrt international 5/87

Bildnachweis

Schiffsfoto-Zentrale W. Fuchs
Schiffsfoto-Zentrale Jansen
FSG Flensburger Schiffbau-Gesellschaft
MAN B & W Diesel GmbH
Gebr. Sulzer Aktiengesellschaft
ferner Peter Göhringer, Frank Meadow Sutcliffe, Eberhard Wiesner, Bernd Genath